D1849650

STEPHEN HAWKING
im 3-Minuten-Takt

STEPHEN HAWKING
im 3-Minuten-Takt

Sein Leben, sein Werk, sein Einfluss

Paul Parsons & Gail Dixon
Mit einem Vorwort von **John Gribbin**

Aus dem Englischen übersetzt
von **Carl Freytag**

Librero

Titel der Originalausgabe: *3-minute Stephen Hawking*

© 2018 Librero IBP (für die deutschsprachige Ausgabe)
Postbus 72, 5330 AB Kerkdriel, Niederlande

© 2012 Ivy Press Limited
Herausgeber: Jason Hook
Redaktion: Caroline Earle
Artdirection: Michael Whitehead
Gestaltung: Glyn Bridgewater

Aus dem Englischen übersetzt von Carl Freytag

Printed in China

Gedruckt und gebunden in China

ISBN 978-94-6359-138-6

Alle Rechte vorbehalten. Kein Teil dieses Werkes darf in irgendeiner Form (durch Fotografie, Mikrofilm oder ein anderes Verfahren) ohne schriftliche Genehmigung des Verlages reproduziert oder unter Verwendung elektronischer Systeme verarbeitet, vervielfältigt oder verbreitet werden.

Inhalt

Teil 2: Werk **64**

Teil 3: Einfluss **110**

Vorwort

Wie Einstein ist auch Stephen Hawking zu einem Superstar der Naturwissenschaft geworden. Millionen von Menschen kennen ihn, auch wenn sie wenig oder überhaupt nichts von seiner Arbeit verstehen. Das Bild eines großen Geistes, der in einem hinfälligen Körper gefangen war, hat sehr zu der Faszination beigetragen, die viele für Hawking empfinden. Dabei sind die Gegenstände seiner Forschung – Schwarze Löcher, die Geburt des Universums, das Ende der Zeit – an sich schon faszinierend. Es scheint mir manchmal, als hätten die Leute eine geradezu perverse Freude daran, das alles nicht zu verstehen, als ob der Zauber seine Macht verlieren oder gar verschwinden könnte, wenn man die Arbeit von Forschern wie Hawking in einfachen Worten erklärt.

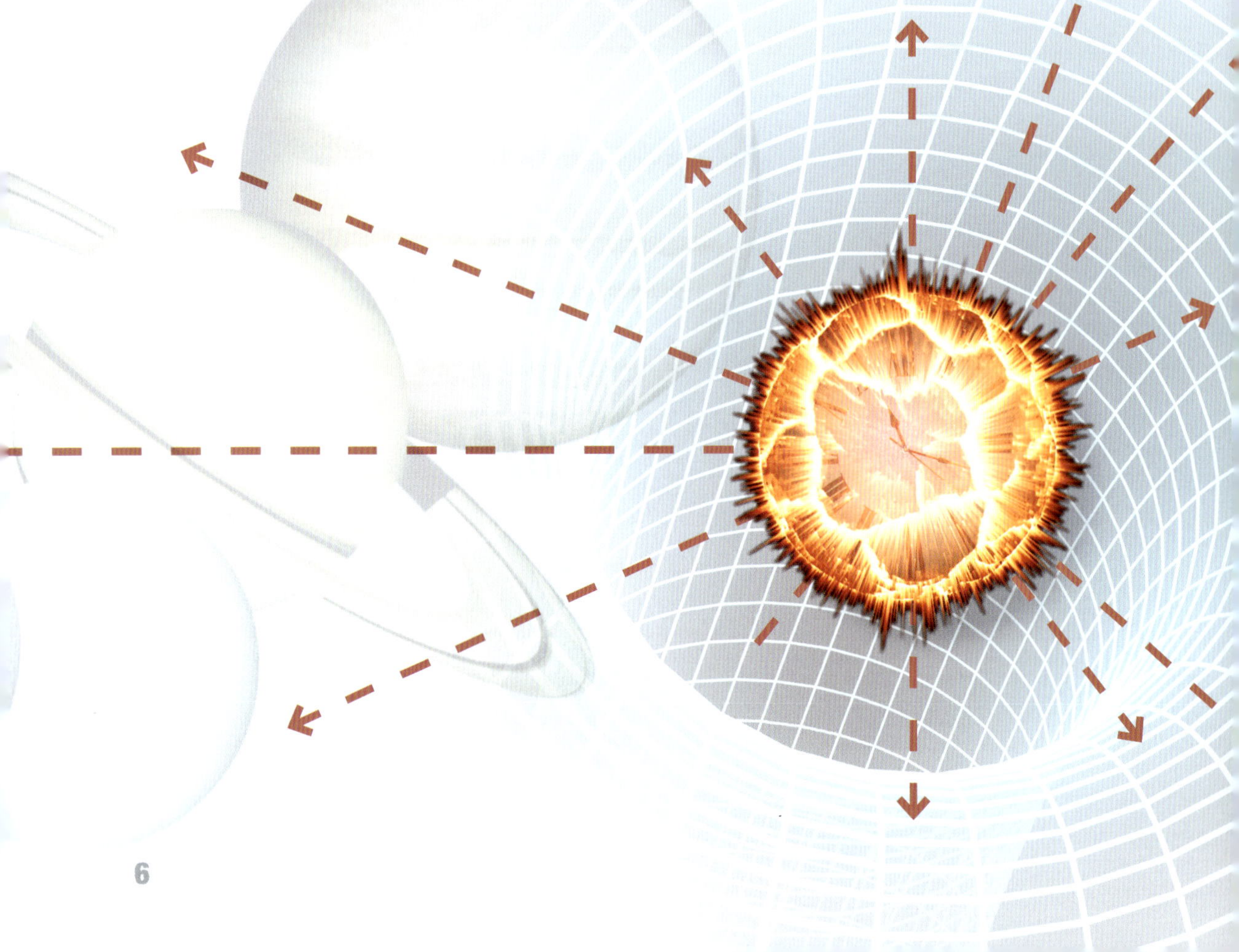

Als 1988 Hawkings *Eine kurze Geschichte der Zeit (A Brief History of Time)* herauskam – auch als der am wenigsten gelesene Bestseller aller Zeiten bezeichnet – habe ich auf Partys gehört, wie sich die Leute in ihrer Ignoranz förmlich überboten. Wenn einer sagte: „Na ja, ich bin nicht über Kapitel 2 hinausgekommen", konnte man sicher sein, dass ein anderer eins draufsetzte: „Ich bin schon nach Seite 2 gescheitert."

Das ist sehr bedauerlich, weil Geheimnis und Zauber der Wissenschaft, die Stephen Hawking betreibt, größer werden, wenn man ein wenig davon versteht. Dafür sorgen Paul Parsons und Gail Dixon in diesem Buch. Hawkings Lebensgeschichte ist gut bekannt, zumindest in groben Umrissen, und jeder kann sich dafür begeistern und bewundern, wie er seine körperlichen Gebrechen überwunden hat. Für mich aber besteht die weit bedeutungsvollere Geschichte darin, wie Hawking zu dem dramatischen Fortschritt unserer Vorstellungen vom Universum beigetragen hat, der im 20. Jahrhundert stattfand. Ich habe Hawking zum ersten Mal getroffen, als ich 1967 als Student Cambridge besuchte. Er beteiligte sich an einer Debatte über den Urknall (Big Bang). Zu jener Zeit war die Urknall-Theorie noch längst nicht allgemein akzeptiert. Heute ist sie nicht nur anerkannt, man hat auch den Zeitpunkt des Ereignisses genauer eingegrenzt: vor 13,82 Milliarden Jahren! Forschern wie Hawking verdanken wir Ideen, welche Ereignisse die Geburt des Universums in seiner heutigen Form bestimmt haben.

Das war das große Thema von Hawkings Forschungsarbeit, die Parsons und Dixon auf den folgenden Seiten prägnant und klar darstellen. Sie eröffnen dem Leser die Möglichkeit, den Zauber der Naturwissenschaft zu erspüren und bis an die Grenzen unseres Wissens vorzustoßen. Und gerade diejenigen, die über Kapitel (oder gar Seite) 2 von Hawkings Büchern einst nicht hinauskamen, sollten diese Einführung über einen Forscher und sein Werk lesen und es noch einmal versuchen. Wer es nicht tut, verzichtet auf ein großes Vergnügen.

JOHN GRIBBIN
Astronom, Gastforscher an der
University of Sussex, Großbritannien

Was Sie in diesem Buch erwartet

Viele hielten Stephen Hawking für den größten Physiker seiner Zeit, für ein lebendes Genie. Das Buch erzählt seine Geschichte in drei Teilen. Teil 1 befasst sich mit seinem unglaublichen Leben. Als er 21 war, erhielt er die Diagnose, ein Krüppel zu werden. Er war an den Rollstuhl gefesselt und konnte sich nur über einen elektronischen Sprachgenerator verständlich machen. Seine bahnbrechenden Beiträge zur Physik und Kosmologie werden in einer auch für Laien verständlichen Weise in Teil 2 erklärt. Hawking argumentierte, dass unendlich dichte „Singularitäten“ das Herz der Schwarzen Löcher bilden und dass das Universum selbst möglicherweise aus einer solchen Singularität entstanden ist. Er lieferte den berühmten Beweis, dass Schwarze Löcher gar nicht „schwarz“ sind, sondern Teilchen und Strahlung aussenden. Zur Erklärung, wie unser Universum aus dem Nichts entstanden sein könnte, entwickelte er später Ansätze, in denen die Relativitätstheorie mit der Quantenmechanik verbunden wird. In Teil 3 wird dann schließlich geschildert, wie Hawking nicht nur in der modernen Quantenphysik und Relativitätstheorie Maßstäbe setzte, sondern sich auch aktiv in zahlreiche politische und wissenschaftliche Debatten einmischte.

Stephen Hawking

Jeder der drei Teile des Buches umfasst 20 kurze Kapitel. In Teil 2 lesen Sie zum Beispiel etwas über Schwarze Löcher, Hawking-Strahlung und Quantenkosmologie. Jedes dieser Kapitel ist wiederum in drei Abschnitte gegliedert, die sich jeweils mit einem bestimmten Aspekt genauer befassen. In den drei Abschnitten des Kapitels über Schwarze Löcher wird etwa erklärt, was ein Schwarzes Loch ist („Herz der Finsternis"), was passiert, wenn irgendetwas unglücklicherweise in ein Schwarzes Loch fällt („Horrortrips") und was es mit behaarten und glatzköpfigen Schwarzen Löchern auf sich hat, die Hawking mathematisch zu beweisen suchte („Glatzköpfige Schwarze Löcher").

Teil 2 Werk

Schwarze Löcher

Herz der Finsternis

Schwarze Löcher sind Regionen in Raum und Zeit, in denen die Schwerkraft so stark ist, dass nicht einmal das Licht zu entkommen vermag. Der englische Philosoph **John Michell** warf im 18. Jahrhundert als Erster die Frage auf, ob es solche Regionen geben könnte. Er nannte sie „dunkle Sterne". Aber erst 1915 zeigte der deutsche Physiker **Karl Schwarzschild**, dass ihre Existenz von Einsteins Allgemeiner Relativitätstheorie vorausgesagt wird. In den 1940er Jahren begannen die Phy-siker, die Verbindung zwischen Relativitätstheorie und Schwarzen Löchern näher zu untersuchen. Der Name „Schwarzes Loch" wurde erst 1967 von dem an der Princeton University arbeitenden Physiker **John Archibald Wheeler** geprägt.

Horrortrips

Die Außenfläche eines Schwarzen Lochs wird als **„Ereignishorizont"** bezeichnet. Von einer festen Oberfläche kann aber nicht die Rede sein; es handelt sich um eine gedachte Kugel im Raum um das Zentrum des Schwarzen Lochs, aus dessen Inneren man aufgrund seiner Anziehungskraft **unmöglich entkommen kann**. Alles, was über diesen Ereignishorizont kippt, ist verloren: Es wird im Kern des Schwarzen Lochs vernichtet. Hawking beschrieb in seinen Büchern und Vorträgen gern, wie es einem Weltraumreisenden geht, wenn er über den Ereignishorizont eines Schwarzen Lochs stürzt. Von ihm stammt der Begriff **„Spaghettifizierung"**, der die ziemlich grauenhafte Streckung des empfindlichen menschlichen Körpers durch die starken Gravitationsfelder beschreibt.

Glatzköpfe

Die Schwarzen Löcher waren im „goldenen Zeitalter" der Erforschung der Allgemeinen Relativitätstheorie ein vorherrschendes Thema, und Hawking trug viele Resultate bei. Eines der ersten war ein Beweis, den er zusammen mit dem australischen Physiker **Brandon Carter** führte, dass nämlich die Schwarzen Löcher „keine Haare" haben. Die Idee hatte schon John Archibald Wheeler geäußert, ohne sie beweisen zu können. Er glaubte, man könne ein Schwarzes Loch durch nur drei Größen beschreiben: Masse, elektrische Ladung und „Spin" (eine Art Rotationszustand von Teilchen). Hawking und Carter bewiesen nun, dass das wirklich stimmt: Die **gewaltige Schwerkraft** eines Schwarzen Lochs radiert alle anderen feinen Details, also die **„Haare"**, aus, sodass zwei Schwarze Löcher mit gleicher Masse, Ladung und Spin – zumindest nach den Regeln der klassischen Physik – nicht zu unterscheiden sind.

70

Kurzfassung
Hawking geht an die Arbeit: Er entwickelt eine neue Sicht der Schwarzen Löcher, dieser seltsamsten Objekte des Kosmos, und beweist, dass sie – wenn sie denn existieren – jedenfalls zu den einfachsten Objekten des Universums gehören.

Siehe auch
SINGULARITÄTEN
S. 72
HAWKING-STRAHLUNG
S. 80

„Mit Fug und Recht ließe sich vom Ereignishorizont sagen, was der Dichter Dante über den Eingang zur Hölle schrieb: ‚Die ihr hier eintretet, lasset alle Hoffnung fahren.'"

Experte im Schnelldurchgang

Das ganze Buch ist eine Reise, die von Hawkings Geburt über sein „goldenes Zeitalter" der Entdeckungen in den 1970er Jahren bis zu seiner Tot in 2018 führt. Um das Verständnis zu erleichtern, folgt auf jeden Teil ein Glossar und eine Zeittafel, die darstellt, wie die Schlüsselereignisse aufeinanderfolgten. Insgesamt haben Sie damit einen Schnelleinstieg in Leben und Werk des vielleicht größten und wagemutigsten Physikers unserer Tage.

Einführung

Stephen Hawking war einer der bedeutendsten Kosmologen dieser Zeit. Neben Isaac Newton und Albert Einstein zählt er unter den theoretischen Physikern zu den größten Denkern aller Zeiten. Seine bahnbrechende Forschung hat unser Verständnis des Universums vertieft und uns dabei geholfen, viele Geheimnisse zu lüften. Hawkings Karriere umfasste mehr als 50 Jahre. In den meisten von ihnen musste er mit seiner Erkrankung an Amyotropher Lateralsklerose (ALS) kämpfen, die ihn fast völlig gelähmt hatte. Er erhielt die schreckliche Diagnose mit 21 Jahren, und damals sagte man ihm, er habe nur noch zwei Jahre zu leben. Statt aber in Selbstmitleid und Verzweiflung zu versinken, fand er den Mut und den Optimismus, seine Forschung mit neuem Auftrieb fortzusetzen. Er erhielt den Ruf auf den Lucasischen Lehrstuhl für Mathematik an der University of Cambridge und hatte diese Professur 30 Jahre lang inne. Als eines der jüngsten Mitglieder wurde er in die Royal Society aufgenommen, die bedeutendste britische Gelehrtengesellschaft. Sein bahnbrechendes populärwissenschaftliches Buch *A Brief History of Time* (1988) war ein literarisches Phänomen. Es wurde über Nacht ein Riesenerfolg und stand vier Jahre lang auf den Bestsellerlisten. Das Buch brachte der Öffentlichkeit die Kosmologie nahe und machte den Menschen Appetit auf unterhaltsame, verständlich dargestellte Wissenschaft, was eine Flut von Büchern und TV-Dokumentationen auslöste. Hawking wurde zum Superstar. Er bereiste die ganze Welt, um seine Vision des Kosmos in Vorträgen zu vermitteln, die eine Generation von Zuhörern inspirierten. Darüber hinaus setzte er sich aktiv für die Rechte Behinderter ein und nutzte seine Prominenz, um sich gegen Kernwaffen, die Kürzung der Bildungshaushalte und den Irakkrieg auszusprechen. Es gab viel an Hawking zu bewundern, nicht zuletzt seinen überwältigenden Triumph über die körperlichen Einschränkungen; aber es sind seine intellektuellen Leistungen, die die Zeit überdauern werden. Er war ein würdiger Nachfolger Einsteins.

Ein Stern geht auf

Stephen Hawking wurde am 8. Januar 1942 geboren, am 300. Todestag Galileo Galileis. Seine Eltern Frank (oben) und Isobel waren Akademiker, die in Oxford studiert hatten.

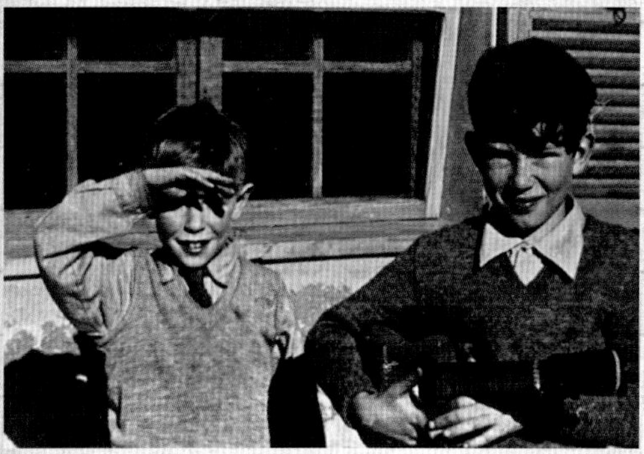

Frühe Prägung

Stephens Familie hatte regen Kontakt mit Intellektuellen. Das Foto zeigt ihn 1951 während eines Ferienaufenthalts in Deià auf Mallorca mit dem Sohn des Dichters Robert Graves.

Der künftige Wissenschaftler

Der durchdringende Blick des zwölfjährigen Stephen, hier vor seinem Elternhaus in St. Albans, war vielversprechend. Seine Genialität hatte ihm bereits den Spitznamen „Einstein“ eingebracht.

Stephen als Pfadfinder

Stephen war Mitglied von Vereinen wie den „Cub Scouts“, wo er sich von der intensiven Arbeit in der Schule und den Bergen an Hausaufgaben erholte.

Studienabschluss

Stephen fand sein Studium in Oxford wenig herausfordernd und wurde zunehmend gelangweilt und teilnahmslos. Beinahe hätte er die Bestnote verfehlt, die er brauchte, um in Cambridge promovieren zu können.

Allen Hindernissen zum Trotz

Ungeachtet der Diagnose Amyotrophe Lateralsklerose (ALS), die er mit 21 Jahren erhielt, und trotz der Prognose, er habe nur noch zwei Jahre zu leben, heiratete er Jane Wilde und gründete eine Familie.

Hawkings berühmte „Stimme“

Nachdem er nicht mehr sprechen konnte, half ihm der Computer, seine Ideen der Welt mitzuteilen – Ideen, die sonst in seinem Kopf gefangen geblieben wären.

Singuläre Köpfe

Hawking mit dem Oxforder Mathematiker Roger Penrose (rechts). Hawking und Penrose bewiesen gemeinsam die Existenz von Singularitäten, Punkten mit unendlicher Dichte im Herzen von Schwarzen Löcher. Hawking erweiterte die Idee später so, dass er damit die Entstehung des Universums erklären konnte.

„Canadian Club“

Hawking arbeitete weltweit mit vielen führenden Wissenschaftlern zusammen, so mit Neil Turok, dem Direktor des Perimeter Institute of Theoretical Physics (PI) in Ontario, Kanada. Hawking hat das PI einige Male besucht und wurde als Erster mit der Berufung auf den Distinguished Research Chair des PI ausgezeichnet.

Genies

1988 trafen sich die Masters of the Universe Stephen Hawking, Arthur C. Clarke und Carl Sagan (nicht im Bild) mit Magnus Magnusson, dem Moderator der BBC-Quizshow Mastermind, um das Leben, das Universum und den ganzen Rest zu diskutieren.

Im Technikerhimmel

Im Jahr 2000 trat Hawking zusammen mit Nichelle Nichols (Leutnant Uhura vom Raumschiff Enterprise), dem Schöpfer von Dungeons & Dragons Gary Gygax und (im Vordergrund) Al Gore in der Zeichentrickserie Futurama als Gaststar auf.

String-Festival

Hawking nahm 2006 an einer Pressekonferenz auf der Internationalen Konferenz über String-Theorie in Peking teil. Neben ihm (von rechts nach links) die Physiker Shing-Tung Yau, Edward Witten, David Gross und Andrew Strominger.

Marilyn und Stephen

Hawking 2001 in seinem Büro in Cambridge im Department of Applied Mathematics and Theoretical Physics (DAMTP). Hawking hat einmal geschrieben, er werde bei Marilyn Monroe vorbeischauen, sollten irgendwann Zeitreisen möglich sein.

Königliche Ehren

Hawking 2010 mit Queen Elizabeth II. anlässlich der Chelsea Flower Show im Royal Hospital Chelsea (London). Zweimal wurde er von der Queen geehrt: als CBE (Commander of the Order of the British Empire) 1982 und als CH (Member of the Order of the Companions of Honour) 1989.

Bestseller

Seit der Veröffentlichung von A Brief History of Time *1988 (*Eine kurze Geschichte der Zeit, *1991) hatte Hawking großen Erfolg als Bestsellerautor von Sachbüchern. Das Bild zeigt ihn 2001 bei der Vorstellung seines Buchs* The Universe in a Nutshell *(*Das Universum in der Nussschale, *2001).*

Hawking in der Antarktis

Zu den herausragenden Eigenschaften Hawkings gehört, sich von seiner Behinderung nicht ausbremsen zu lassen. 1997 war er in diesem Kampf besonders erfolgreich, als es ihm gelang, den südlichen Polarkreis zu besuchen.

Sieg über die Schwerkraft

2007 nahm Hawking an einem Flug mit einer Boeing 727 teil, bei dem für Momente die Schwerkraft aufgehoben war. Der Flug diente der Vorbereitung auf sein ultimatives Ziel, mit Richard Bransons Weltraumreiseagentur Virgin Galactic ins All zu fliegen.

Ikone der Physik

Hawking vor seiner Büste, die am 20. Dezember 2007 im Centre of Theoretical Cosmology in Cambridge enthüllt wurde. Die Bronzebüste war für die Eröffnung des Zentrums, das sich der Beantwortung der größten Fragen des Universums widmet, in Auftrag gegeben worden.

Ein Genie bei der Arbeit

Stephen Hawking, wo er sich richtig zuhause fühlte: in seinem Büro im DAMTP in Cambridge. Er dachte über mathematische Gleichungen und Gesetze des Universums nach. Das Foto wurde im September 2007 aufgenommen.

Teil 1

Leben

Anfang

Ein Stern geht auf

Stephen Hawking wurde am 8. Januar 1942 geboren – wie es der Zufall wollte, am 300. Todestag des Physikers, Astronomen und Mathematikers **Galileo Galilei**, der als einer der Urväter der modernen Naturwissenschaft gilt. Galilei wurde wegen seinen umstrittenen Ansichten und wissenschaftlichen Entdeckungen von der Kirche angeklagt und in Arcetri bei Florenz unter Hausarrest gestellt, wo er einige seiner bedeutendsten Werke schrieb. Hat es etwas zu bedeuten, dass **einer der berühmtesten Kosmologen** der Welt an Galileis Todestag auf die Welt kam? Mit seinem trockenen Humor wies Hawking gern darauf hin, dass an seinem Geburtstag noch ungefähr 200 000 weitere Babys das Licht der Welt erblickten; also sei es vielleicht doch keine so große Fügung des Schicksals gewesen.

Kurzfassung
Stephens Mutter ging nach Oxford, um den Bombenangriffen der Nazis in London zu entgehen. Dort wurde Stephen geboren – am 300. Todestag von Galilei.

Kriegszeiten

Stephens Eltern, **Frank und Isobel Hawking**, lebten in Highgate, einem grünen Viertel im Norden Londons. 1942 wurde die britische Hauptstadt fast jede Nacht von der deutschen Luftwaffe bombardiert. Die Angriffe forderten viele Opfer, Wohnhäuser und Fabriken wurden verwüstet. Frank und Isobel beschlossen daher, nach **Oxford** zu ziehen, das nicht von Luftangriffen betroffen war, um an diesem viel sichereren Ort ihre Kinder zu bekommen. Jahre später kam Stephen zurück nach Oxford; mit dem Studium der Naturwissenschaften begann er dort eine Reise, in deren Fortgang er einige der faszinierendsten Geheimnisse des Universums lüften sollte.

Siehe auch
KINDHEIT
(S. 22)
STUDENT IN OXFORD
(S. 28)

Die Eltern

Frank und Isobel gehörten zur Mittelschicht und waren beide an der **University of Oxford** immatrikuliert. In „Oxbridge" studierten damals vornehmlich zwei Typen junger Leute: Die einen kamen von privaten Eliteschulen wie Eton und Harrow, ihre Familien waren steinreich, und der Champagner floss in Strömen. Die anderen waren die besten Absolventen weniger bekannter freier und staatlicher Schulen. Sie trugen abgetragene Tweed-Anzüge und konnten nicht ständig Partys feiern. Zu diesen zählten Frank und Isobel. Frank hatte am University College **Medizin** studiert und sich auf Tropenkrankheiten spezialisiert. Seine Forschungen führten ihn vor Kriegsbeginn nach Ostafrika. Nach England zurückgekehrt, trat er in einem medizinischen Institut eine Stelle an, wo auch Isobel arbeitete. Während oben die Bomber dröhnten, verliebten sich die beiden. Sie heirateten, und alsbald war Stephen unterwegs – später kamen **Mary und Philippa** dazu, und schließlich wurde noch **Edward** adoptiert.

»Galilei hat wahrscheinlich mehr als irgendein anderer zur Entstehung der modernen Naturwissenschaften beigetragen.«

Galileo Galilei

Oxford

Frank Hawking mit Sohn Stephen, 1942

Kindheit

Schulzeit

Als Stephen acht Jahre alt war, zogen die Hawkings in ein weitläufiges Haus in **St. Albans, Hertfordshire**. Sein Vater wollte ihn auf eine der besten Privatschulen Englands schicken und meldete ihn an der hoch angesehenen Westminster School in London an. Am Tag der Stipendienprüfungen war Stephen aber krank, und vorbei war die Chance. Stattdessen besuchte er nun die St. Albans School, die ebenfalls einen **hervorragenden akademischen Ruf** besaß, wenn auch nicht den von Westminster. Sie war eng mit der berühmten Kathedrale verbunden und führte 600 Jungen zum A-Level, einem dem Abitur entsprechenden Abschluss. Stephen bestand die Aufnahmeprüfung und trat mit **elf Jahren** in die Schule ein, die sich als ideale akademische Umgebung für ein angehendes Genie erwies.

Kurzfassung
Stephen wuchs zwischen Büchern auf und wurde zur Zielscheibe seiner Mitschüler, weil er als Streber galt.

Bei den Hawkings zuhause

Stephens Zuhause in der Hillside Road 14 war mit **Büchern**, Bildern und wertvollen Sammlerstücken vollgestopft, die die Familie von exotischen Reisen mitgebracht hatte. In dieser kultivierten Umgebung konnte sich Stephens **Fantasie entwickeln** und ihn auf die ersten Gedankenflüge schicken. Im Haus fiel an manchen Stellen die Tapete ab, der Putz hatte Löcher, und die Teppiche wurden erst ausgewechselt, wenn sie ausgetreten waren. Die Hawkings fuhren einen jener Londoner „Black Cabs“, der durch einen Ford Consul ersetzt wurde, als Frank und Isobel eine Reise durch Europa und Asien bis nach Indien planten. Die ganze Familie ging auf diese einjährige Abenteuerfahrt, nur Stephen musste zuhause bleiben, um die Schule abzuschließen.

Siehe auch
ANFANG
(S. 20)
WISSENSCHAFTLICHE WETTEN
(S. 102)

Eine „Witzfigur“

Stephen war der typische **Streber**. Er wirkte unbeholfen, war exzentrisch und passte nicht so recht in seine hübsche neue Schuluniform. Das von jeher schmächtige Kind zeigte wenig Interesse für das Herumgetobe auf dem Sportplatz. Er lispelte etwas und quasselte gern zu viel. Bald war er in der Klasse **isoliert** und wurde zur Zielscheibe von Gehässigkeiten. Seine Fähigkeiten waren damals weder den Freunden noch den Schulkameraden bewusst. Als Stephen zwölf war, wettete einer seiner Freunde eine ganze Tüte Bonbons darauf, dass dieser es „nie zu etwas bringen werde“. Hawking bemerkte einmal in aller Bescheidenheit dazu: „Ich weiß nicht, ob diese Wette entschieden wurde, und wenn, wer sie gewonnen hat.“

„Es ist egal, in welche Schule man geht oder mit wem man verwandt ist. Entscheidend ist, was man tut.“

Stephen Hawking mit seinen Schwestern Mary und Philippa

St. Albans School

Vielversprechender Start

Schlaue Jungs

Stephen zählte zu den Besten seines Jahrgangs in St. Albans und wurde von den Lehrern als klug, wenn nicht **herausragend** beurteilt. Er gehörte zu einer Clique von schlauen Jungs, die seine Begeisterung für die Schule und für geistige Herausforderungen teilten. Statt wie die anderen Teenager in den 1950er Jahren zum Schwofen oder zum Rock 'n' Roll zu gehen, begeisterten Stephen und seine Freunde sich für klassische Musik und besuchten Konzerte in der Londoner **Royal Albert Hall**. Sie lasen Bücher von William Golding, Aldous Huxley und Kingsley Amis und verehrten Denker wie Bertrand Russell. Trotz eines Bergs an Hausaufgaben und der Pflicht, am Wochenende Sport zu treiben, blieb den Jungs Zeit, um gepflegte Sherry-Partys zu feiern und **lange Fahrradtouren** aufs Land zu machen

Das Zimmer eines Strebers

Stephens Zimmer unterm Dach war eine Mischung aus vermüllter Teenager-Höhle und Laboratorium eines durchgeknallten Professors: ein Wirrwarr aus Flugzeugmodellen, nicht erledigten Hausaufgaben und Schulbüchern. Überall konnte man Zeichen für eine **wachsende Leidenschaft für die Naturwissenschaften** sehen, angefangen von merkwürdigen Apparaten aus Blech und Draht bis zu Gestellen mit Reagenzgläsern voll ausgebleichter Flüssigkeiten von **längst aufgegebenen Experimenten**. Hier bekamen Stephen und seine Freunde Lust, neue Spiele zu erfinden. Stephen, der Logiker, setzte die Regeln fest, die aber oft so kompliziert waren, dass selbst seine schlauen Kameraden Mühe hatten, sie zu entschlüsseln.

Ein früher Computer

Stephen bestand die Prüfungen für die Mittlere Reife (O-Level) mit Bravour und wählte als Hauptfächer für die Oberstufe **Mathematik, Physik und Chemie**. In den letzten beiden Schuljahren bauten Stephen und seine Freunde einen Computer zusammen, den sie „Logical Uniselector Computing Engine" oder **LUCE** nannten. Damals hatten in England nur wenige Universitäten und das Verteidigungsministerium Computer, das Gerät war also wirklich eine Meisterleistung. Die Jungs bastelten aus Teilen einer alten Telefonvermittlung ein komplexes Labyrinth elektrischer Verbindungen. LUCE war zwar primitiv, aber er funktionierte. Das einzige größere Problem waren kalte Lötstellen. Lange nachdem die Jungs die Schule verlassen hatten, fand der neue Chef der Rechenabteilung unter einem Tisch eine Schachtel mit der Aufschrift „LUCE". Er hielt es für einen Haufen nutzlosen Schrotts und merkte erst Jahre später, was für ein unverzeihlicher Fehler es gewesen war, einen von Stephen Hawking gebauten Computer einfach wegzuwerfen.

Kurzfassung

Als Teenager gehörte Stephen zu einer Clique von smarten Jungs, die komplizierte Spiele entwickelten und einen einfachen Computer zusammenbauten.

Siehe auch

WARUM PHYSIK?

(S. 26)

VERSTÄNDLICHE WISSENSCHAFT: EINE PIONIERTAT

(S. 124)

„Meine Klassenarbeiten waren unordentlich, und meine Lehrer verzweifelten an meiner Handschrift. Aber die Schulkameraden nannten mich ‚Einstein', vermutlich sahen sie Anzeichen von etwas Besserem."

Stephen Hawking mit 12 Jahren

Royal Albert Hall,
London

Warum Physik?

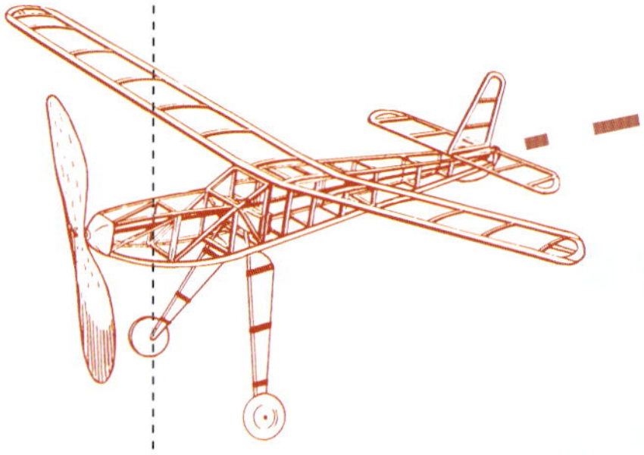

Stephen als junger Erfinder

Obwohl er nicht besonders geschickt war, baute Stephen im Alter von zehn Jahren leidenschaftlich gern **Modellflugzeuge und -schiffe**: „Mein Ziel war es immer, Modelle zu bauen, die ich steuern konnte. Mir war es egal, wie sie aussahen. Ich glaube, der gleiche Wunsch trieb mich, eine Reihe sehr komplizierter Spiele mit einem anderen Schulkameraden ... zu erfinden. ... Ich glaube, diese Spiele entsprangen, genau wie die Eisenbahnen, Schiffe und Flugzeuge, meinem Drang herauszufinden, wie die Dinge funktionieren, um sie zu beherrschen." Nachdem Stephen mit seiner **Doktorarbeit** angefangen hatte, kam der Wunsch hinzu, Kosmologie zu betreiben, denn: „Wenn man weiß, **wie das Universum funktioniert**, beherrscht man es in gewisser Weise."

Kurzfassung
Stephens Wunsch zu verstehen, wie Spielzeuge und Spiele funktionieren und damit beherrscht werden können, weckte eine lebenslange Faszination für die Physik.

Was hält die Welt zusammen?

Stephens Vater unterstützte das Interesse seines Sohnes für Naturwissenschaft und wollte, dass er in seine Fußstapfen trat und Mediziner wurde. In seinen frühen Jahren machte Stephen zwischen den verschiedenen Naturwissenschaften keinen Unterschied, aber seit seiner Teenagerzeit war ihm klar, dass er Physik studieren wollte, weil das für ihn die „fundamentalste" Naturwissenschaft war. Ironischerweise fand er dann **Physik** „zu leicht und zu offensichtlich" und bezeichnete sie als das langweiligste Fach in der Schule. Chemie machte ihm viel mehr Spaß, weil überraschende Dinge wie **Explosionen** passierten. Obwohl er Physik zu leicht fand, spürte er aber doch, dass das Studium ihrer Gesetze zusammen mit der Astronomie Antwort auf die Fragen erhoffen ließ, **woher wir kommen, warum wir hier sind und wohin wir gehen**. Aus diesen allgemeinen Fragen konkrete Forschungsthemen zu entwickeln, sollte sich allerdings später als reichlich schwer erweisen.

Siehe auch
DOKTORAND IN CAMBRIDGE
(S. 30)
KOSMOLOGIE
(S. 84)

Inspiration von Mr. Tahta

Als er berühmt wurde, fragte man Stephen, ob es einen Lehrer gegeben habe, der ihn besonders inspiriert habe. Seine Antwort war „Mr. Tahta". Er meinte damit **Dikran Tahta**, seinen Mathematiklehrer in St. Albans in den 1950er Jahren, später ein angesehener Mathematiker. Tahta war ein hervorragender und ziemlich eigenwilliger Lehrer mit einem Faible für lebendigen Unterricht, an dem sich alle beteiligten. Mit seiner Begeisterung für sein Fach wirkte er ansteckend. Als er an der **University of Exeter** Dozent für Mathematik wurde, regte er die Doktoranden an, Trickfilme über die Umgebung zu drehen und Kuchen zu backen. Er wollte die „Psyche der Mathematiker" von engen Denkgewohnheiten befreien – ein Ansatz, der für Stephen bei seinem späteren Studium der Kosmologie eminent wichtig wurde.

»Ich wollte die tiefsten Tiefen des Universums ausloten.«

Student in Oxford

Erste Schritte

1958 stand bei den Hawkings zur Diskussion, welches Fach Stephen studieren sollte. Frank plädierte für Medizin am **University College in Oxford**, aber Stephen wollte Naturwissenschaften betreiben und eine Kombination aus Mathematik und Physik belegen. Schließlich stimmte Stephen zu, nach Oxford zu gehen, aber mit den Fächern seiner Wahl. Das Aufnahmeverfahren war zermürbend: zwei Tage Prüfungen und ein Gespräch mit älteren Mitgliedern des Colleges. Es folgte eine Zeit ängstlichen Wartens, aber es gab keinen Grund, sich verrückt zu machen: Stephen erreichte in der Physik-Prüfung **95 Prozent** der Punkte, und das College bot ihm ein Stipendium an. Die einzige Bedingung war, in zwei Fächern die A-Level-Prüfungen zu bestehen: eine reine Formalität.

Kurzfassung
Stephen fand das Studium in Oxford „zu leicht" und wurde faul, sodass er beinahe in der Abschlussprüfung die Bestnote nicht erreichte, die er brauchte, um in Cambridge zu promovieren.

Studentenleben

Stephen fing 1959 in Oxford an, der Stadt der „verträumten Türmchen". Er war 17, und seine ersten Tage waren noch irgendwie ziellos, da er die Lehrveranstaltungen in Physik zu leicht fand. Im ersten Jahr besuchte er nur Mathematikvorlesungen und -seminare bei seinem Tutor **Dr. Robert Berman**. Seine Kommilitonen erinnern sich, dass Hawking physikalische Probleme, für die sie eine Woche brauchten, in Minuten löste. Leicht hätte er dabei in Desinteresse und Müßiggang abgleiten können. Er fand aber im zweiten Jahr ein neues Ziel, einen an der Universität populären Sport: das **Rudern**. Weil er so wenig wog, war er der ideale Schlagmann, der das Boot steuerte und das Tempo vorgab. Die Mannschaften arbeiteten stundenlang hart auf dem Fluss. Sie waren aber auch für ihre **feuchtfröhlichen Partys** bekannt, an denen Stephen mit Begeisterung teilnahm.

Siehe auch
DOKTORAND IN CAMBRIDGE (S. 30)
DROHENDES UNHEIL (S. 32)

Countdown

Im dritten Jahr in Oxford stellte Stephen den Antrag, an der **University of Cambridge** in Kosmologie zu promovieren. Dazu musste er die Abschlussprüfung mit der **Bestnote** bestehen. Berman wusste, dass Hawking trotz seines natürlichen Talents seine Faulheit teuer zu stehen kommen würde. Und er hatte recht: Stephen stand zwischen der Eins, die er für Cambridge brauchte, und einer Zwei. Die Prüfer beschlossen, ihm eine letzte Chance zu geben und ihn mündlich zu prüfen, um dann **über sein Schicksal zu entscheiden**. Berman sagte über die Kollegen: „Sie waren so klug zu bemerken, dass sie mit jemandem sprachen, der weit klüger als die meisten von ihnen war." Vielleicht hat auch ein trockener Kommentar von Stephen den Ausschlag gegeben: „Wenn Sie mir eine Eins geben, gehe ich nach Cambridge. Wenn ich eine Zwei bekomme, bleibe ich in Oxford. Ich nehme also an, dass Sie mir eine Eins geben werden." Und so geschah es auch.

»In Oxford war man arbeitsscheu. Man war brillant, ohne sich anstrengen zu müssen – oder man akzeptierte seine Grenzen und bekam eine Vier.«

Steuermann Hawking
1961

University of Oxford,
Radcliffe Camera
(Lesesaal der Bibliothek)

Doktorand in Cambridge

Warum Kosmologie?

In der Zeit, als sich Hawking um seine Promotion bemühte, gab es für ihn zwei Optionen: die Elementarteilchenphysik, also das Studium des ganz Kleinen, und die Kosmologie am anderen Ende der Größenskala. Er entschied sich für die Kosmologie, weil es dort eine klar definierte Theorie gab, nach der man vorgehen konnte – **Einsteins Allgemeine Relativitätstheorie** –, aber trotzdem noch viel Raum für Entdeckungen blieb. 1962, als Hawking seinen Abschluss machte, wurde in Oxford noch keine Kosmologie betrieben; deshalb strebte Hawking ans College Trinity Hall in Cambridge, wo er hoffte, von **Fred Hoyle** betreut zu werden, dem damals berühmtesten Forscher auf diesem Gebiet.

Sciama, der Wegweiser

Alles fing mit einer Enttäuschung an: Statt von Hoyle wurde Hawking von Dennis Sciama betreut, von dem er noch nie etwas gehört hatte. Hawking befürchtete zunächst ein Desaster, merkte aber schnell, dass es eher ein Segen war. Hoyle war lange Zeit im Ausland und hatte wenig Zeit für seine Doktoranden. Sciama war ein **hervorragender Kosmologe**, der auf dem besten Weg war, zu einem der größten Astrophysiker seiner Zeit zu werden – und er hatte viel Zeit für den jungen Hawking, der in seinem Studium wieder kämpfen musste, denn seine Faulheit in Oxford zeigte Folgen: Ihm fehlten die Grundlagen, um die komplexen mathematischen Gleichungen der Relativitätstheorie zu verstehen. Sciama wusste, dass Hawking **außerordentlich begabt** war und dass aus ihm etwas werden konnte – wenn er nur den richtigen Gegenstand finden würde.

Heureka!

Dieser „Gegenstand" stellte sich 1964 ein, nachdem Sciama und seine Kosmologie-Studenten in London einen Vortrag des talentierten Mathematikers **Roger Penrose** gehört hatten. Hawking und die anderen waren von Penroses Theorie fasziniert, dass im Inneren eines **Schwarzen Lochs** eine Singularität von Raum und Zeit mit unendlich großer Dichte existiert. Nachdem er auf dem Heimweg im Zug das Konzept noch einmal überdacht hatte, ging Hawking zu Sciama: „Ich frage mich, was passiert, wenn man Rogers Singularitäts-Theorie auf das ganze Universum anwendet." Das war der Wendepunkt in Hawkings Karriere, und aus dem Schlusskapitel seiner Dissertation wurde ein brillanter Ansatz für ein **revolutionäres** neues Arbeitsfeld der Kosmologie.

Kurzfassung

Stephens Faulheit in Oxford macht sich in Cambridge bemerkbar, wo er mit seiner Dissertation kämpft.

Siehe auch

CAMBRIDGE – HAWKINGS GROßE LIEBE?
(S. 56)
SINGULARITÄTS-THEOREME
(S. 74)
KOSMOLOGIE
(S. 84)

»Allerdings erschien mir die Teilchenphysik weniger interessant, weil sie damals, obwohl viele neue Teilchen entdeckt wurden, über keine angemessene Theorie verfügte. ... In der Kosmologie dagegen gab es eine klar umrissene Theorie, Einsteins Allgemeine Relativitätstheorie.«

Cambridge, England

Roger Penrose

Drohendes Unheil

Frühe Warnzeichen

Schon während des letzten Jahres in Oxford wurde Hawking **unbeholfener** und stürzte manchmal scheinbar grundlos. In Cambridge fiel es ihm schon schwer, die Schnürsenkel zu binden, und beim Sprechen traten manchmal kleine Probleme auf. Stephen besuchte über Weihnachten seine Eltern in St. Albans, wo sein Vater sehr schnell die **körperlichen Veränderungen** an seinem Sohn feststellte. Stephen konsultierte einen Spezialisten und unterzog sich **1963** in einer Klinik einigen Tests. Aus seinem Arm wurden Muskelzellen entnommen, Elektroden wurden eingepflanzt, ins Rückenmark wurde eine Kontrastlösung gespritzt, und seine Bewegungen wurden auf dem Röntgenschirm beobachtet. Die Ärzte ordneten ihn unter „atypisch" ein und rieten ihm, nach Cambridge zurückzugehen und Vitamine zu sich zu nehmen, bis sie herausfinden würden, was mit ihm los war.

Kurzfassung
Stephen erhält die furchtbare Diagnose: Er habe Amyotrophe Lateralsklerose (ALS) und werde nur noch zwei Jahre leben.

Die schreckliche Nachricht

Die Diagnose kam schnell, und sie konnte kaum schlimmer ausfallen: Hawking war an **Amyotropher Lateralsklerose (ALS)** erkrankt, einer seltenen und unheilbaren Krankheit, die in Amerika als **Lou-Gehrig-Syndrom** und in England als Erkrankung der Motoneuronen bekannt ist. ALS führt zum Verfall der Nervenzellen im Rückenmark und zu Lähmungen, weil die Muskeln verkümmern. Die ersten Zeichen sind Schwäche, undeutliches Sprechen und Probleme beim Schlucken. Das **Gehirn ist aber nicht betroffen**: Denken, Erinnern und Fühlen bleiben unberührt. Der Tod tritt in der Regel durch Ersticken oder durch eine Lungenentzündung ein. Obwohl die Symptome im letzten Stadium keine Schmerzen verursachen, wird den Patienten oft Morphium gegeben, um ihre Angstgefühle und Depressionen zu lindern.

Siehe auch
LEBEN MIT ALS
(S. 38)
WIE HAWKING ARBEITETE
(S. 44)

Der Zukunft ins Auge sehen

Die Ärzte gaben Stephen noch zwei Jahre. Er verfiel in eine **tiefe Depression** und schottete sich völlig gegen das Leben in Cambridge ab. Spekulationen, er habe in dieser Zeit viel getrunken, hat Hawking zurückgewiesen: „Ich fühlte mich als tragische Gestalt. Damals hörte ich viel Wagner, aber die Zeitschriftenberichte, denen zufolge ich unmäßig getrunken habe, sind übertrieben." Eine Erfahrung in einer Klinik, wo er sich weiteren Tests unterzog, **half ihm, den Mut zu finden**, sich seiner Krankheit zu stellen. Im Bett gegenüber von seinem starb ein Junge an Leukämie. Hawking dachte seitdem immer an diesen Jungen, wenn er versucht war, sich zu bemitleiden. Eine beginnende Liebesgeschichte und aufregende neue Schwerpunkte in seiner Forschungsarbeit trugen mit dazu bei, ihn wieder anzuspornen.

»Trotz des dunklen Schattens, der über meiner Zukunft lag, stellte ich zu meiner Überraschung fest, dass ich das Leben jetzt mehr genoss als früher. Ich kam mit meiner Arbeit gut voran … und erhielt ein Forschungsstipendium.«

Stephen Hawking bei seinem Studienabschluss in Oxford

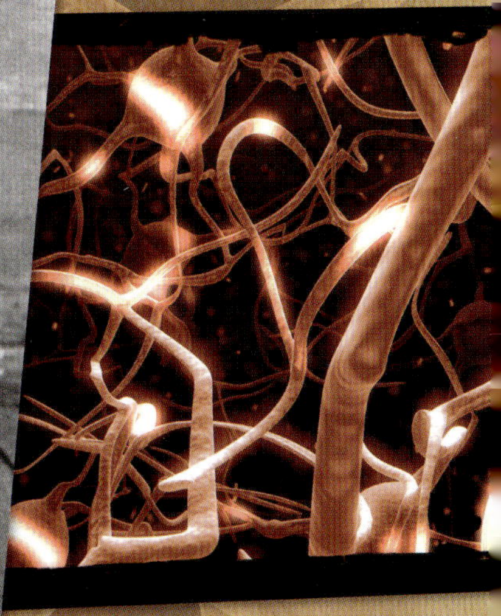

Eine Liebesgeschichte

Magnetische Anziehung

Jane Wilde war noch ein Teenager und besuchte in St. Albans die Oberstufe des Gymnasiums, als sie **1962** auf der **Silvesterparty** den etwas exzentrischen Stephen Hawking kennen lernte, der gerade sein Studium abgeschlossen hatte. Er zog sie an, obwohl sie sich auch erinnerte, dass er intellektuelle Arroganz ausstrahlte und etwas „Verlorenes" an sich hatte, das Gefühl, dass etwas passierte, das er „nicht unter Kontrolle" hatte. Zu dieser Zeit klagte Stephen schon über zunehmende körperliche Schwierigkeiten und war gerade im Begriff, Spezialuntersuchungen in einer Klinik machen zu lassen. Jane bekam im Jahr darauf einen Studienplatz für Neue Sprachen am Westfield College der University of London und war mit den A-Level-Prüfungen beschäftigt. Nach Stephens Diagnose lernten die beiden sich näher kennen, und es entwickelte sich **eine tiefe Beziehung**.

Kurzfassung

Als Stephen und Jane sich auf einer Silvesterparty begegneten, verliebten sie sich ineinander. Jane wurde seine Stütze im Umgang mit ALS.

Das romantische Cambridge

Nach dem College verbrachte Jane zusammen mit Stephen und seinen Freunden **idyllische Wochenenden** in Cambridge mit Picknick am Fluss, wo die Studenten auf den berühmten **Stocherkähnen** vorbeifuhren. Sie verlobten sich, was für Stephen einen entscheidenden Wendepunkt seines Lebens darstellte. Seine Forschung ging in mächtigen Schritten voran, und sein natürlicher Elan kehrte zurück. Er hat oft gesagt, dass die Verlobung mit Jane sein Leben änderte, **ihm etwas gab, für das es wert war zu leben**, nachdem er die ALS-Diagnose erhalten hatte. Stephen wusste, dass er einen Job oder eine Anstellung an der Universität haben musste, bevor er Jane heiraten konnte. Es wäre sonst allzu schwer geworden, für Stabilität in der Beziehung zu sorgen und die begonnene Forschung über die Schwarzen Löcher fortzuführen.

Siehe auch

FAMILIENLEBEN

(S. 36)

LEBEN MIT ALS

(S. 38)

Fester Halt bei Jane

Hawking bewarb sich um ein Forschungsstipendium am **Gonville and Caius College**. Damals konnte er schon nicht mehr selbst schreiben, deshalb bat er Jane, nach Cambridge zu kommen und seine Bewerbung zu tippen. Er holte sie vom Zug ab und sah, dass sie ihren Arm in Gips trug. Es fiel ihm schwer, seine Enttäuschung zu verbergen, aber Jane konnte immerhin seine Bewerbung mit der Hand schreiben, und ein Freund tippte sie dann ab. **1965** war für das Paar ein wunderbares Jahr. Stephen, der in dieser Zeit auch seinen Doktortitel verliehen bekam, konnte am College arbeiten, und die beiden heirateten in **Trinity Hall**. Jane wusste, dass Stephen möglicherweise nur noch ein paar Jahre zu leben hatte, aber das Paar sah positiv in die Zukunft und beschloss, so früh wie möglich eine Familie zu gründen.

„Ohne Janes Hilfe hätte ich wohl kaum weitermachen können oder auch nur den Willen dazu aufbringen können."

Stephen mit seiner ersten Frau Jane

Romantisches Cambridge

Familienleben

Allen Widrigkeiten zum Trotz

1967, vier Jahre, nachdem die Ärzte Hawking nur noch zwei Jahre gegeben hatten, begrüßten Stephen und Jane ihren ersten Sohn. **Roberts** Geburt war ein weiterer wichtiger Wendepunkt in Stephens Leben. Er arbeitete mit einer **fantastischen Geschwindigkeit**, sein Renommee als brillanter Physiker wuchs, und jede Arbeit, die er veröffentlichte, schien aufs Neue Grenzen zu überschreiten. Vater zu werden, war das Sahnehäubchen auf der Torte, wie Jane damals feststellte, denn für den kleinen Robert verantwortlich zu sein, gab Stephen einen weiteren Lebensimpuls. Robert trat in die **Fußstapfen des berühmten Vaters**: Er studierte in Cambridge Physik und ging später nach Amerika.

Kurzfassung
Vier Jahre nach Stephens schlimmer Diagnose wurde Robert geboren; es folgten Lucy und Timothy. Stephen perfektionierte seine Fähigkeit, im Rollstuhl Fangen zu spielen.

Kindersegen

Auf Robert folgte 1970 **Lucy**, und die Hawkings waren hoch erfreut über ihre wach-sende Familie. Für Jane bedeutete es aber eine Riesenbelastung, all das unter einen Hut zu bringen: Sie musste nicht nur die Kinder großziehen, sondern auch den Haushalt bewältigen und sich um Stephen kümmern. Als 1979 **Timothy**, das dritte Kind kam, wurde aus dem häuslichen Leben ein hektischer Wirbel aus **Arbeit, Kindern und Geselligkeit**. Jane brachte den Kindern Cricket und Krocket bei, Stephen spielte mit ihnen Fangen und fuhr mit dem Rollstuhl, auf den er inzwischen angewiesen war, mit großem Geschick Rennen auf dem Rasen. Am meisten tat ihm leid, nicht mehr mit den Kindern spielen zu können, als sie größer wurden.

Siehe auch
DROHENDES UNHEIL
(S. 32)
EINE LIEBESGESCHICHTE
(S. 34)

Kosmische Abenteuer

Die Kinder der Hawkings gingen auf Privatschulen in Cambridge, und die wachsenden Kosten dafür und für die Pflege trugen zu Stephens Idee bei, ein populärwissenschaftliches Buch zu schreiben. Stephens Tochter Lucy studierte Neue Sprachen in Oxford und machte erfolgreich Karriere als Zeitungs- und Rundfunkjournalistin. Stephen und Lucy verfassten zusammen drei actionreiche **Kinderbücher**, die einen Helden namens George auf seinen kosmischen Abenteurern begleiten. Die Geschichten vereinen aufregende Abenteuer mit faszinierenden Erkenntnissen der Astrophysik, um die Neugier der jungen Leser zu beflügeln. Die Bücher sind äußerst erfolgreich und wurden in **37 Sprachen** übersetzt – natürlich auch ins Deutsche.

»An ALS leide ich im Grunde genommen, seit ich erwachsen bin. Doch die Krankheit hat mich nicht daran gehindert, eine liebenswerte Familie zu gründen und erfolgreich meine Arbeit zu tun.«

Die Hawkings in Cambridge 1981

Leben mit ALS

Kampf mit der Bürokratie

Als Stephen heiratete, konnte er noch gehen, wenn auch nur mithilfe von Krücken. Es war für das Paar lebenswichtig, ein Haus zu finden, das zentral lag, deshalb baten sie das Gonville and Caius College um Hilfe. Der Quästor rümpfte nur die Nase und meinte, es entspreche nicht den Gepflogenheiten des Colleges, Fellows bei der Wohnungssuche zu helfen. Sie mussten also warten und suchen und manchmal die Nacht in einem Studentenwohnheim verbringen, bis sie endlich ein Haus in der **Little St. Mary's Lane** mieten konnten, das nur ein paar Minuten vom Zentrum von Cambridge entfernt war. Das Haus war alt und klein und hatte eine enge Wendeltreppe. Mit der **ihm eigenen Sturheit** beharrte Stephen darauf, aus eigenen Kräften die Treppe hinauf zu kommen, obwohl es viel Zeit und Kraft kostete.

Der Würgegriff wird enger

Stephens Zustand hatte sich seit der ALS-Diagnose nur wenig verändert – bis 1965, als er nach **Miami** flog, um einen Vortrag über die Relativitätstheorie zu halten. Seine Rede ging plötzlich in Lallen über, und ein Kollege musste eingreifen und ihm helfen. Seit den späten 1960er Jahren war er dann auf einen **Rollstuhl** angewiesen, ein Zugeständnis, gegen das er jahrelang angekämpft hatte. Er ließ sich aber dadurch nicht einschränken; es wurde zu einem gewohnten Anblick in Cambridge, wenn er auf dem Weg zu einem Vortrag, zu einem Lunch im Gonville and Caius oder zu einem Treffen mit den Studenten, die er betreute, den Bürgersteig entlangraste. Dass er auch wütend sein konnte, bewies Hawking ebenfalls mithilfe seines Rollstuhls: Wenn jemand ohne Taktgefühl seine eigenen Krankheiten hervorkehrte oder ihn sonst wie verärgerte, fuhr er ihm gern über die Zehen.

Kost und Logis für studentische Helfer

Ende der 1970er Jahre fiel es Stephen zunehmend schwer, aus dem Bett zu kommen und ohne Hilfe zu essen. Obwohl die Hawkings **1974** in ein Apartment zu ebener Erde in der West Road umgezogen waren, war klar, dass Jane mit ihren beiden kleinen Kindern mehr Hilfe brauchte. Das Paar beschloss, einem Doktoranden freie Kost und Logis anzubieten – mit der Gegenleistung, Stephen zu helfen. Die Rolle eines solchen Graduate Assistant war unter den Studenten sehr begehrt. Laut **Bernard Carr**, einem der ersten, der diese Funktion innehatte, sei es so gewesen, wie „wenn man eine historische Rolle spielt". Die Studenten packten in der Familie mit an, betreuten die Kinder und halfen, Reisen und Termine zu organisieren. Im Gegenzug bekamen sie Einblick in das Gehirn eines Genies; für einige bedeutete dieser Job einen großen Schub für die Karriere.

Kurzfassung

Trotz seines Zustands bekam der frisch verheiratete Hawking von seinem College keine Hilfe bei der Wohnungssuche. Ende der 1960er Jahre musste Stephen einen Rollstuhl akzeptieren.

Siehe auch

EINE LIEBESGESCHICHTE (S. 34)
KALIFORNIEN (S. 42)

„Ich hatte das Glück, dass zwar meine körperliche Behinderung schlimmer wurde, aber mein wissenschaftliches Ansehen wuchs. So bot man mir etliche Positionen an, auf denen ich mich ganz der Forschung widmen konnte, ohne Lehraufgaben wahrnehmen zu müssen."

Little St. Mary's
Lane, Cambridge

Ein neuer Einstein?

Hawking wird berühmt

Seit den späten 1960er Jahren entwickelte sich in Cambridge um Hawking eine geheimnisvolle Aura, und auf den Fluren der Universität stellte man flüsternd Spekulationen über das unbeholfene Genie und seine Arbeit an. Hawking und der Mathematiker **Roger Penrose** machten in ihrer Theorie der Schwarzen Löcher Fortschritte. Ihre Arbeiten boten einen neuen Blick darauf, wie sich diese mysteriösen Objekte an ihren Außenseiten oder „Horizonten" verhalten, und begründeten eine neue Forschungsrichtung, die **Thermodynamik der Schwarzen Löcher**. Daraus entstand 1974 die bahnbrechende Theorie, dass Schwarze Löcher Strahlung aussenden. Physiker auf der ganzen Welt horchten auf, und die beiden Forscher wurden mit **Auszeichnungen und Anerkennungen** überhäuft.

Mitglied der Royal Society

Hawkings Erkenntnisse stellten damals alle konventionellen Theorien der Kosmologen in Frage. Seine Forschungen über die Schwarzen Löcher und die Quantengravitation brachten ihm viel Anerkennung ein, und 1974 wurde er mit einer der größten Auszeichnungen für Naturwissenschaftler bedacht: Er wurde Fellow der prestigeträchtigen **Royal Society** und konnte nun „FRS" an seinen Namen anhängen. Diese Ehre wird nur den allerberühmtesten Wissenschaftlern zuteil. Hawking steht in einer Reihe mit **Isaac Newton, Charles Darwin, Albert Einstein, Ernest Rutherford** und mehr als 80 Nobelpreisträgern. Mit nur 32 Jahren war Hawking eines der jüngsten Mitglieder, die es je gab.

Lucasischer Professor für Mathematik

1979 bedachte die University of Cambridge Hawking mit einer ihrer größten Auszeichnungen, indem sie ihn auf den **Lucasischen Lehrstuhl für Mathematik** berief, der weltweit zu den angesehensten gehört. Er wurde 1663 von dem Parlamentsabgeordneten Henry Lucas gestiftet, und die Liste der früheren Inhaber nennt einige der „Väter" der modernen Naturwissenschaft, darunter **Isaac Newton**, **Charles Babbage** und **Paul Dirac**. Hawking war bei seiner Berufung erst 37, und einige Zeitgenossen rühmten ihn schon als den „**neuen Einstein**". Sie glaubten, dass er am ehesten jene „Theorie von allem" finden konnte, die eine einheitliche Beschreibung der Naturkräfte erlauben und der Unvereinbarkeit von Allgemeiner Relativitätstheorie und Quantenmechanik ein Ende machen würde.

Kurzfassung

Hawkings Ruhm wuchs, und er wurde eines der jüngsten Mitglieder der Royal Society.

Siehe auch

SCHWARZE LÖCHER
(S. 70)
WAS HAT SICH GOTT GEDACHT?
(S. 94)
KOLLEGEN
(S. 116)

„Mein Ziel ist einfach. Ich möchte das Universum ganz und gar verstehen, ich möchte wissen, warum es so ist, wie es ist, und warum es überhaupt existiert."

Isaac Newton

Charles Babbage

Charles Darwin

Ernest Rutherford

Albert Einstein

Paul Dirac

Kalifornien

Ein Paradies für Wissenschaftler

Hawkings Ruhm als glänzender Kosmologe wuchs weltweit. 1974 wurde er vom **California Institute of Technology (Caltech)** in Los Angeles für ein Jahr eingeladen. Der Forschungsaufenthalt wurde über ein Sherman Fairchild Distinguished Scholarship finanziert. Das Caltech mag mit seinen nur 2150 Studenten klein sein, aber dort wird hervorragende Arbeit geleistet; unter den ehemaligen Mitarbeitern sind **31 Nobelpreisträger**. Die Möglichkeiten dort sind der Traum jedes Naturwissenschaftlers: Zugang zu einigen der leistungsfähigsten Teleskopen der Welt, das gewaltige Jet Propulsion Laboratory, das dem Campus angeschlossen ist, und eine nicht endende Flut von Fördergeldern. Hawking hatte das besondere Vergnügen, zusammen mit dem herausragenden theoretischen Physiker **Kip Thorne** zu forschen.

Kurzfassung
Die Hawkings tauschten den grauen Himmel Englands gegen das Blau von Kalifornien: Stephen nahm eine angesehene Stelle am Caltech an, einem Zentrum für herausragende Wissenschaft.

Das Leben in L.A.

Die Hawkings waren begeistert, ein Jahr im sonnigen Kalifornien verbringen zu können. Sie waren schon immer sehr gesellig und hatten auch jetzt gern Gäste, mit denen sie Ausflüge längs des **Pacific Highway** oder in die wunderschöne Wüste um **Palm Springs** machten. Die Familie liebte das sonnige Leben in L.A. als willkommene Alternative zu den langen Wintermonaten in Cambridge. Wohlversorgt auf dem Campus hatten die Hawkings alle Unterstützung, die sie brauchten. Im Gegensatz zu Cambridge kümmerte sich das **Caltech** mit Rücksichtnahme und Respekt um Stephen und achtete seine Bedürfnisse. An den Bordsteinen bei seinem Department wurden hölzerne Rampen angebracht, und er bekam ein neues Büro mit allen nötigen Hilfsmitteln. Stephens Zustand wurde aber in dieser Zeit immer schlechter, sodass er zunehmend Pflege und Hilfe brauchte.

Siehe auch
KOLLEGEN
(S. 116)

Brillante Köpfe

Abgesehen von Hawking, dem „schlauen Jungen aus Cambridge", arbeitete damals am Caltech eine eindrucksvolle Auswahl von Physikern. Kip Thorne leitete die Gruppe, die sich mit der Relativitätstheorie befasste, Nobelpreisträger **Richard Feynman** hielt Vorlesungen – und zwar vor der **Crème de la Crème** der amerikanischen Physikstudenten. Thorne konnte wie Hawking nicht nur Wissenschaftler, sondern auch Laien für neue Entdeckungen und ihre Bedeutung begeistern. Über Thorne lernte Hawking mit **Don Page** einen Physiker kennen, der ein lebenslanger Freund werden sollte. Die beiden verstanden sich bestens und arbeiteten während Hawkings Forschungsjahr an einem Grundlagentext über die Schwarzen Löcher. Stephen gefiel es am Caltech, und er kehrte häufig in diese „Heimat in der Ferne" zurück, wobei er oft wie ein Superstar empfangen wurde.

»Erst als ich 1974 nach Kalifornien ging, brauchten wir Hilfe von außen. Zuerst lebte ein Student bei uns, später Pflegerinnen.«

Kip Thorne

Das Caltech bei Los Angeles

Wie Hawking arbeitete

Sieg des Geistes über die Materie

Hawking wurde als der glänzendste theoretische Physiker seit Einstein gerühmt. Aber wie intelligent war er wirklich? Hawking hielt nicht viel vom klassischen **Intelligenzquotienten**, dem IQ. In einem Interview machte er sich über Menschen lustig, die mit ihrem hohen IQ protzen: „Sie sind Verlierer." Er fügte aber an, er hoffe, sein eigener IQ sei hoch. Oft wird in diesem Zusammenhang Hawkings **phänomenales Gedächtnis** genannt, das ihm sehr half, mit seiner Krankheit klarzukommen. Er musste sich kaum Notizen machen, und eine Sekretärin, die für ihn arbeitete, staunte nicht nur, dass er 40 Seiten Gleichungen auswendig diktieren konnte, sondern vor allem, dass er sie am nächsten Tag anrief, weil er einen Fehler gemacht hatte. Dieses Gedächtnis plus Hawkings Talent für theoretische Physik war wirklich eine außergewöhnliche Kombination.

Kurzfassung
Hawkings erstaunliches Gedächtnis machte es ihm möglich, sich komplexe mathematische Gleichungen vorzustellen und im Kopf zu bearbeiten, ohne auch nur eine Formel aufschreiben zu müssen.

Teamwork ist der Schlüssel zum Erfolg

Gefragt, wie er arbeitete, antwortete Hawking oft, dass er sehr auf seine **Intuition** setze, den Gedanken, dass eine Idee „richtig sein müsse". Dann versuchte er, sie zu beweisen; manchmal gelang das nicht, und manchmal hatte die Idee Mängel, die ihn wiederum zu neuen Ideen führten. Hawking arbeitete gern im Team und diskutierte in Cambridge seine Arbeit mit Kollegen und Studenten des **Department of Applied Mathematics and Theoretical Physics (DAMTP)**. Die tägliche Routine am Department hatte sich im Laufe der Jahre nicht verändert. Stephen und seine Doktoranden besprachen ihre Ideen gut gelaunt beim Morgenkaffee und Nachmittagstee. Der Wissenschaftsautor **Dennis Overbye** bemerkte nach einem Besuch dieser Runde, die Studenten um Hawking glichen „in Alter, Kleidung, Blässe und dem offensichtlichen Nahrungsmangel den Roadies einer Rock'n'Roll-Band".

Siehe auch
TECHNIK FÜR BEHINDERTE (S. 122)

Die neue Kommandozentrale

Mit dem Fortschreiten der ALS wurden Hawkings Rollstuhl und sein Büro am DAMTP entsprechend umgerüstet. Sein Rollstuhl wurde von **Batterien angetrieben**, die unter dem Sitz angebracht waren und auch den Computer auf der Armstütze des Rollstuhls versorgten, wo er für Hawking im Blickfeld war. Er telefonierte über das Internet oder verband seinen Computer direkt mit dem Telefonnetz, wählte digital Telefonnummern, beantwortete Anrufe und legte am Ende eines Gesprächs den Hörer auf. Mit einer programmierbaren **Infrarot-Fernbedienung** am Computer konnte er Türen öffnen, Lichtschalter und Bildschirme bedienen und anderes mehr.

»Für mich ist es eine große Hilfe, meine Einfälle mit anderen Menschen zu erörtern. Selbst wenn sie nichts beitragen, gelange ich zu größerer Klarheit, wenn ich meine Ideen erklären muss.«

University of Cambrige,
DAMTP

Hawking, Gott und die Welt

Kosmologie und Religion

„Der Himmel ist ein Märchen für Leute, die sich im Dunkeln fürchten." Dieser Satz fasst Hawkings Haltung gegenüber der Religion zusammen. Wie für Einstein standen für ihn Glaube und Religion im Gegensatz zu seiner Vorstellung vom Universum. Er gab zu, dass es schwer war, die Anfänge des Universums zu diskutieren, ohne auf Gott zu verweisen. Der Glaube war für ihn jedoch Privatsache, und die **mathematischen Überlegungen** wogen mehr als jedes Bedürfnis nach Spiritualität. Seinen **Agnostizismus** empfand seine Frau, eine gläubige Christin, als verletzend, was zu Spannungen und Frustrationen führte. Sie sagte, ohne ihren Glauben an Gott wäre es ihr schwer gefallen, Stephen zu heiraten und den Optimismus zu finden weiter-zumachen.

Hawking in Aktion

Stephen wuchs in einer politisch aktiven Familie auf. Seine Mutter Isobel war in den 1930er Jahren Mitglied der **Kommunistischen Partei** und später dann der **Labour Party**, der großen linken Arbeiterpartei Englands. Sie ermunterte Stephen, mit auf Demonstrationen zu gehen, auch auf solche für die nukleare Abrüstung. Stephen war ein aktiver Unterstützer von Labour, kritisierte aber offen jede Politik, die das Kürzen von Forschungsmitteln vorsah. Als sein Ruhm sich mehrte, setzte er sich ständig für politische und soziale Belange ein und äußerte sich kritisch zu so unterschiedlichen Themen wie dem atomaren Wettrüsten, der **Armut** und der Umweltproblematik. Er stand auch an der Spitze einer Kampagne, die forderte, Frauen die Zugehörigkeit zum Gonville and Caius College in Cambridge zu ermöglichen.

Für die Rechte von Behinderten

Hawking spielt seine eigene Behinderung gern herunter. Er möchte über seine Persönlichkeit definiert werden, über das, was er erreicht hat, nicht über seine körperlichen Gebrechen. Er ist aber ein unermüdlicher Kämpfer für die Rechte anderer Behinderter. In den 1970er Jahren führte Stephen einen **langen Kampf** gegen die University of Cambridge, um einen behindertengerechten Zugang zum DAMTP durchzusetzen. Schließlich hatte er Erfolg, der ihn offenbar beflügelte, sich immer wieder zu engagieren, wenn es um behindertengeeignete Baulichkeiten ging, insbesondere in Cambridge. 1979 wählte ihn die **Royal Association for Disabilty and Rehabilitation** zum „Mann des Jahres".

Kurzfassung

Hawking bekannte sich offen zu seinen Ansichten über Religion und Politik, selbst wenn das Kontroversen auslöste.

Siehe auch

RECHTE FÜR BEHINDERTE (S. 120)
HAARSTRÄUBENDES (S. 128)

„Wir sind so unbedeutende Kreaturen auf einem kleinen Planeten eines sehr durchschnittlichen Sterns in den Außenbezirken einer Galaxie unter 100 Milliarden anderen im beobachtbaren All. Deshalb ist es schwer, an einen Gott zu glauben, der sich um uns kümmert oder auch nur unsere Existenz bemerkt."

Eine neue Stimme

Begegnung mit dem Tod

1985 hätte Stephen beinahe den Kampf gegen seine Krankheit verloren. Er war zu Forschungsarbeiten am europäischen Kernforschungszentrum **CERN** in Genf, und *A Brief History of Time* war noch nicht veröffentlicht. Jane war in dieser Zeit in Deutschland, und Stephen wurde rund um die Uhr von Pflegerinnen betreut. In einer Augustnacht fand ihn eine Pflegerin heftig nach Atem ringend vor. Er wurde eilig ins Kantonshospital gebracht und beatmet. Die Ärzte vermuteten eine Blockade in der Luftröhre und eine Lungenentzündung, die für ALS-Kranke oft tödlich ist. Sie empfahlen einen **Luftröhrenschnitt**, bei dem durch einen Schnitt im Hals eine Röhre eingeführt wird, die das Atmen erleichtert. Die Operation war unumgänglich, bedeutete aber, dass Stephen nie mehr „normal" würde sprechen können.

Kurzfassung

Hawking wird in der Schweiz schwer krank und benötigt einen Luftröhrenschnitt, um zu überleben. Er verliert daraufhin zwar seine eigene Stimme, aber durch technische Zauberei (einen Sprachcomputer) kann er nun mit der inzwischen weltbekannten „Hawking-Stimme" sprechen.

Düstere Zeiten

Die Entscheidung lag bei Jane. Es war ein **großes Dilemma**. Einerseits war Stephens Sprache ohnehin schon für alle außer der Familie und den engen Freunden unverständlich geworden. Andererseits war die Frage, was für ein Leben es wäre, wenn er überhaupt nicht mehr sprechen könnte. Die Zustimmung zur Operation würde auch weitere hohe Kosten verursachen, denn Stephen müsste rund um die Uhr betreut werden, und der **britische Gesundheitsdienst** würde nur ein paar Stunden wöchentlich finanzieren. Und wie könnte Stephen arbeiten, wenn seine einzige Kommunikationsmöglichkeit wäre, mit den Augen zu blinzeln, um Wörter auf einem vorgehaltenen Kärtchen auszuwählen? Als Jane die Zustimmung zur Operation gab, sah die Zukunft der Hawkings düster aus.

Siehe auch
LEBEN MIT ALS
(S. 38)

Neue Hoffnung

Während seiner Rekonvaleszenz in Cambridge bekam Hawking neuen Auftrieb durch den amerikanischen Computerexperten **Walt Woltosz**, der ihm ein Programm namens **Equalizer** schickte. Damit konnte Stephen auf einem Bildschirm Wörter aussuchen, indem er einen Schalter drückte, den er in der Hand hielt. (Später konnte er mit dem Zucken seiner rechten Wange einen Infrarotstrahl lenken, der von einem Sender auf seiner Brille ausging und einen Cursor durch sein Wörterbuch steuerte.) Nachdem er einen Satz gebildet hatte, wurde der zu einem **Sprachgenerator** gesendet, der ihn dann für ihn „aussprach". Hawking fand, das Programm sei zu langsam: Es konnte nur etwa 10 Wörter pro Minute verarbeiten. Aber er war nicht mehr darauf angewiesen, dass jemand seine Äußerungen interpretierte, und an seinen Rollstuhl wurde ein mobiler Sprachgenerator montiert. Dessen amerikanische Stimme mit skandinavischem Einschlag wurde bald weltberühmt.

»Die größten Errungenschaften der Menschheit sind durch reden entstanden – und ihre größten Fehler, indem nicht geredet wurde. Das darf nicht so bleiben.«

Stephen Hawking
in Cambridge

Der Globe of Science and Innovation,
Teil des Besucherzentrums am CERN
in Genf

Eine kurze Geschichte der Zeit

Geldsorgen

Mitte der 1980er mussten sich Stephen und Jane mit den weiter steigenden Kosten für die Pflege und die Privatschule der Kinder auseinandersetzen. Im Hinterkopf war immer die Angst, was passieren würde, wenn Stephen nicht mehr arbeiten könnte und gezwungen wäre, in ein Pflegeheim zu gehen. Hawking hatte eine Idee, aber es sollte Jahre dauern, bis sie verwirklicht wurde. Vor 1984 fanden seine Aufsätze und Bücher zwar in akademischen Kreisen guten Anklang, sie waren aber so komplex, dass sogar viele theoretische Physiker kämpfen mussten, ihren Sinn zu verstehen. Stephen hatte nun vor, ein **populärwissenschaftliches Buch** zu schreiben, das Menschen aus allen Schichten ansprechen würde. Der Verlag Cambridge University Press war interessiert und bot ihm einen Vorschuss von 10 000 Pfund.

Über den Großen Teich

5000 Meilen von Cambridge entfernt hatte der New Yorker Literaturagent **Al Zuckerman** einiges über Hawking gelesen. Er war von ihm fasziniert und nahm Kontakt auf, um über ein mögliches Buchprojekt zu sprechen. Hawking war begeistert und schickte ihm einen Entwurf und ein Probekapitel eines Werks, das später als *A Brief History of Time* erscheinen sollte. Der Entwurf versetzte die Verleger derartig in Aufregung, dass Zuckerman das Buch schließlich bei Bantam Books unterbringen konnte und einen Vorschuss von **250 000 Dollar** für die Publikation in den USA und Kanada erzielte. Stephen fing 1984 zu schreiben an. Er arbeitete eng mit dem Lektor **Peter Guzzardi** zusammen, der ihm half, seine komplizierten Vorstellungen des Kosmos in eine für Laien verständliche Sprache zu übersetzen. Ein Vorwort des bekannten Astrophysikers Carl Sagan trug zusätzlich dazu bei, das Buch attraktiv zu machen.

Ein berauschender Erfolg

A Brief History of Time wurde erst im Frühjahr 1988 fertig, und Hawking starb beinahe an einer Lungenentzündung, bevor das Manuskript vollendet war. Die Lektüre des Buches war herausfordernd, was aber den unmittelbaren, **großen Erfolg** nicht schmälerte. Vier Jahre lang hielt sich das Buch in Amerika und Großbritannien auf der Bestseller-Liste. Stephen wurde weltberühmt, und sein Buch wurde zum Vorbild einer ganzen Generation von Sachbüchern. Bis heute wurden **11 Millionen Exemplare** verkauft, wobei sich allerdings manche fragen, wie viele Käufer das Buch tatsächlich ganz gelesen haben. Die deutsche Übersetzung des Buchs, *Eine kurze Geschichte der Zeit*, erschien im gleichen Jahr.

Kurzfassung

Not macht erfinderisch. Konfrontiert mit hohen Ausgaben für Privatschulen und steigenden Kosten für seine Pflege verwendet Stephen Jahre darauf, ein populärwissenschaftliches Buch zu schreiben. Was daraus wurde, ist bekannt.

Siehe auch

WISSENSCHAFTLER UND SUPERSTAR (S. 52)
VERSTÄNDLICHE WISSENSCHAFT: EINE PIONIERTAT (S. 124)

»Ich freue mich, das sich ein naturwissenschaftliches Buch sich mit den Memoiren von Popstars messen kann. Vielleicht besteht doch noch Hoffnung für die Menschheit.«

THE RECORD-BREAKING BESTSELLER NOW IN PAPERBACK
A BRIEF HISTORY OF TIME
From the Big Bang to Black Holes
'This book marries a child's wonder to a genius's intellect. We journey into Hawking's universe, while marvelling at his mind'
Sunday Times
Introduction by Carl Sagan

Wissenschaftler und Superstar

Das Spiel mit der Berühmtheit

A Brief History of Time machte Hawking zum Superstar. Er entzog sich auch nicht dem Glanz dieser neuen Popularität, sondern lieferte sich der **Popkultur** aus und tauchte in den 1990er Jahren ständig im Fernsehen und in allen möglichen Magazinen auf. Während er also einige Aspekte seiner Berühmtheit sehr schätzte, hat er sich gegen andere strikt gewehrt. Viele Jahre waren seine Kollegen erstaunt, dass er nicht in den Adelsstand erhoben wurde. 2008 verriet er dann, diese Ehrung schon zehn Jahre zuvor abgelehnt zu haben. Sein vielleicht größtes Verdienst wird bleiben, populärwissenschaftliche Bücher etabliert und ein weltweites Interesse an der Kosmologie geweckt zu haben.

Kurzfassung

Stephen wird weltberühmt. Er hat denkwürdige Auftritte in einem Pink Floyd-Album, bei *Desert Island Discs* und bei den *Simpsons*.

Auf der einsamen Insel

1992 reihte sich Hawking in die Liste berühmter Schriftsteller, Wissenschaftler, Künstler und Politiker ein, die im beliebten Programm Desert Island Discs auf BBC Radio 4 interviewt wurden. Die Gäste werden immer gefragt, welche acht Musikstücke sie auf eine einsame Insel mitnehmen würden. Stephens **große Liebe zu klassischer Musik** zeigte sich in seiner Auswahl: Wagner, Beethoven, Puccini und Poulenc – und als allerliebstes Stück das Mozart-Requiem. Dazu kam von den **Beatles** der Song „Please Please me" und von Edith Piaf „Non, je ne regrette rien". Die Gäste dürfen dann für die Insel noch ein Buch und einen „Luxusgegenstand" einpacken. Hawking wählte George Eliots *Middlemarch* und einen großen Vorrat an Crème Brûlée.

Siehe auch

FILM UND FERNSEHEN (S. 126)
EHRUNGEN (S. 148)

„Keep talking"

Hawkings künstliche Stimme wurde zum Hit und hatte in der Mitte der 1990er einige „Auftritte". Zuerst war sie 1994 in „Keep talking" aus dem Album *The Devision Bell* von **Pink Floyd** zu hören. Dann setzte die British Telecom die gleiche Botschaft in ihrer Werbung ein. Stephen hatte auch nichts dagegen, sich selbst zu parodieren und trat 1992 als Gast in einer Episode der **Simpsons** mit dem Titel „They saved Lisa's Brain" auf. Die Zuschauer fanden seinen Auftritt großartig, weshalb er sich noch an einigen weiteren Episoden beteiligte. Das mag irgendwie falsch verstanden worden sein, denn in 2010 fragte der Physiker Brian Cox Hawking in einer Debatte in *The Guardian* nach den größten Missverständnissen, die ihn und sein Werk betreffen – worauf Hawking antwortete: „Dass die Leute denken, ich sei eine Figur aus den Simpsons."

»Deine Idee eines Universums in Donut-Form interessiert mich, Homer. Es könnte sein, dass ich sie stehlen muss.«

(STEPHEN IN EINER EPISODE DER SIMPSONS.)

Auf Weltreise

Persönliche Schwierigkeiten

Seit den späten **1980er Jahren** war Hawking auf der ganzen Welt berühmt. Der Glanz der Popularität, ausgelöst von *A Brief History of Time*, hielt unvermindert an, da er viele Interviews gab und in Dokumentarsendungen mitwirkte. Stephen hatte einen **prall gefüllten Terminkalender** und reiste rund um die Welt, um Vorträge zu halten, wobei er immer ein Team von Pflegerinnen mitnahm. Zuhause geriet unterdessen die Ehe in eine Krise, weil Jane, die ihn über Jahrzehnte unterstützt und gepflegt hatte, immer mehr spürte, dass sie im Schatten seines Erfolgs stand. Jane hatte Stephen jeden Tag angezogen, gewaschen und gefüttert und darüber hinaus die junge Familie über die Runden gebracht und eine Doktorarbeit geschrieben. Der **Stress** begann, seinen Tribut zu fordern.

Kurzfassung

Hawking reist um den ganzen Globus und hält Vorträge. Seine erste Ehe zerbricht. Er verlässt Jane und geht eine Beziehung mit seiner Krankenschwester Elaine Mason ein.

Zweite Runde

David Mason, der Experte, der Stephens Computer so umgebaut hatte, dass er an seinen Rollstuhl passte, war mit einer Krankenschwester namens Elaine verheiratet, die in den späten 1980er Jahren mithalf, Stephen zu pflegen. Sie begleitete Stephen auf einer Reihe von Auslandsreisen – und die beiden kamen sich näher. Es war für viele in Cambridge ein Schock, als 1990 die Zeitungen berichteten, Stephen habe nach 25 Jahren Ehe seine Familie verlassen und sei nun mit **Elaine** zusammen. Für die Kinder der Hawkings war es sehr schwer, mit der Trennung der Eltern fertig zu werden, besonders Timothy, der damals erst 11 war, litt darunter. 1991 ließ sich Stephen von Jane scheiden, 1995 heiratete er Elaine.

Siehe auch

WISSENSCHAFTLER UND SUPERSTAR (S. 52)

Nach Übersee

In den späten 1990er Jahren versuchte Hawking weiter, die Forschung, die Reisen und seine Verantwortung für die Studenten am DAMTP in Einklang zu bringen. Eine seiner Reisen führte ihn nach Los Angeles, wo er **Steven Spielberg** traf, der seine Arbeit schon lange mit Interesse verfolgte. Diese war eine von vielen Reisen, für die Hawking die nötige Energie aufbrachte. Unter anderem bereiste er auch Indien, Israel, Südafrika, Kanada, ja sogar die Antarktis. Elaine war häufig dabei. Insgesamt verbrachten die beiden 17 Jahre zusammen, bis Hawking 2006 verlauten ließ, dass die **Ehe gescheitert** sei und er die Scheidung eingereicht habe. Er hat bislang nicht wieder geheiratet, hält aber weiter Kontakt zu Jane, den Kindern und den Enkeln.

»Hätte ich eine Zeitmaschine … würde ich ans Ende des Universums reisen, um herauszufinden, wie unsere kosmische Reise endet.«

zero
N794AJ
www.goZeroG.com

PHILIPS
HITACHI

Cambridge – Hawkings große Liebe?

Ein ganz besonderer Ort

Viele Forschungsinstitute und Universitäten auf der Welt wären bereit, einen hohen Preis zu zahlen, um Hawking für sich zu gewinnen und sich im Glanz zu sonnen, den seine Anwesenheit bringen würde. Doch trotz einiger Aufenthalte an den herausragendsten amerikanischen Forschungszentren blieb Hawking Cambridge und dem DAMTP treu. Cambridge mit seiner **erlesenen Architektur** und seiner einmaligen Schönheit hat eine Atmosphäre, die Dichter, Wissenschaftler und Philosophen seit dem Mittelalter inspiriert. Für Hawking war Cambridge aus einer Reihe tieferer Gründe die Heimat: Er warb an den schattigen Ufern des **Flusses Cam** um Jane, sie heirateten in Cambridge, und die drei Kinder wurden hier geboren. Stephen lag manchmal im Streit mit der Universität, besonders als es um den Zugang für Behinderte ging, aber die Stadt bleibt seine Heimat und hat in seinem Herzen einen besonderen Platz.

Mittelpunkt des gesellschaftlichen Lebens

Stephen war sehr gesellig und war lange Mittelpunkt einer Runde der **geistigen Elite von Cambridge**. Das kleine Haus, das ihm mit Jane in der Little St. Mary's Lane gehörte, war oft bis an den Rand mit Freunden gefüllt, mit denen man klassische Musik hörte, Essen kochte und quasselte. Um den Tisch saßen viele, die wie er bei **Dennis Sciama** an der vordersten Front der kosmologischen Forschung gearbeitet hatten. Einige wurden sehr berühmt, zum Beispiel **Martin Rees**, späterer „Astronomer Royal", „Master" des Trinity College und Präsident der Royal Society, der angesehensten britischen Gelehrtenvereinigung. Rees und Hawking blieben über die Jahre Freunde, obwohl sie in der Debatte um Religion und Naturwissenschaft unterschiedliche Standpunkte vertreten.

Cambridge ehrt einen seiner größten Söhne

1989 verlieh die University of Cambridge Hawking eine ihrer seltensten und glanzvollsten Auszeichnungen: die Ehrendoktorwürde der Naturwissenschaften. Die Ehrung wurde vom Kanzler der Universität, Prinz Philipp, vollzogen, und Hunderte standen am Straßenrand und klatschten Beifall, als Stephen längs der **King's Parade** mit dem Rollstuhl zur Zeremonie im Senate House eilte. Hawking war in Cambridge regelmäßig in Restaurants, bei Vorträgen und Konzerten zu sehen, und oft winkten ihm Bewunderer zu oder lächelten ihn an. Er schätzte aber auch seine Privatsphäre. Als sich die Weltpresse auf seine Eheprobleme und die Scheidung von Elaine stürzte, schützten ihn Universität, Freunde und Kollegen.

Kurzfassung

„Hawking und Cambridge" war eine lange Geschichte mit guten wie schlechten Zeiten, aber ihren größten Söhnen hält die Stadt letztlich die Treue.

Siehe auch

EINE LIEBESGESCHICHTE (S. 34)

FAMILIENLEBEN (S. 36)

»Ich bin vor 47 Jahren in Cambridge angekommen, als ich gerade das Studium abgeschlossen hatte. Die Kosmologie war ein relativ unerforschtes Feld, aber am Department of Applied Mathematics and Theoretical Physics herrschten Abenteuerlust und Entdeckergeist.«

King's College, Cambridge

Stephen Hawking, Martin Rees und Michael Griffin

Der Fluss Cam in Cambridge

Hawking Lebensabend

Ein voller Terminkalender

Es ist in Cambridge Brauch, dass der Lucasische Professor seinen Lehrstuhl mit **67** aufgibt – und auch Stephen tat das 2009, nachdem er den Posten 30 Jahre innegehabt hatte. Er hat weiterhin einen hektischen Tagesablauf als Direktor des DAMTP, betreut seine Studenten, forscht, hält weltweit Vorträge und schreibt Sachbücher: *The Universe in a Nutshell* (2001, *Das Universum in der Nussschale*) mit den wichtigsten neuen Erkenntnissen der theoretischen Physik, *The Grand Design* (2010 mit **Leonard Mlodinow**, *Der große Entwurf*) mit seinen Stellungnahmen zur Kontroverse um Religion und Naturwissenschaft. 2010 strahlte Discovery Channel die Serie *Into the Universe with Stephen Hawking* aus (auch unter dem Titel *Stephen Hawking's Universe; Stephen Hawking – Geheimnisse des Universums*), die in großartiger Weise Raum und Zeit umspannt und sich mit allen möglichen Dingen von der Natur des Universums bis zur Wahrscheinlichkeit von Aliens und Zeitreisen befasst.

Kurzfassung

Stephen feiert seinen 70. Geburtstag. Zu einem akademisch erfolgreichen Leben kommt eine bemerkenswerte physische Leistung.

Botschafter für die Wissenschaft

Trotz seiner körperlichen Probleme war Hawking weiterhin weltweit ein rühriger Botschafter der theoretischen Physik. 2008 erhielt er als Erster den **Distinguished Research Chair** am Perimeter Institute (PI) im kanadischen Ontario, einem der führenden Zentren für theoretische Physik. Hawking wählte das PI insbesondere deshalb, weil es sich sowohl mit der Quantentheorie als auch mit der Theorie der Gravitation befasste. Er war immer wieder zu längeren Aufenthalten dort. Das PI ehrte ihn, indem es ein supermodernes Gebäude nach ihm benannte. In 2009 verlieh Barack Obama ihm die Medal of Freedom – die höchste Auszeichnung für Zivilisten der USA.

Siehe auch
BLEIBENDES VERMÄCHTNIS (S. 150)

Hawkings Tod

Am 14. März 2018 ging die schockierende Nachricht um die Welt, dass Hawking der Krankheit ALS erlegen war. Seine Familie erklärte, Hawking sei friedlich im Kreise seiner Lieben gestorben. 1963 erfuhr Hawking, dass er nur noch zwei Jahre zu leben hatte. Er kämpfte gegen diese Diagnose an und konnte sogar noch seinen 76. Geburtstag begehen. Die Welt trauerte, Staatsoberhäupter, führende Wissenschaftlicher, die University of Cambridge und viele Privatpersonen zollten ihm Tribut. Der Trauergottesdienst wurde am 31. März in der St. Mary's Kirche in Cambridge durchgeführt. Hunderte von Menschen säumten den Weg dorthin. Nach einem Dankgottesdienst wurde seine Asche in der Westminster Abbey, London, gleich neben den Gräbern von **Sir Isaac Newton** und **Charles Darwin** beigesetzt.

»Ich habe eine wunderbare Familie, Erfolg in meiner Arbeit und ein Buch in den Bestsellerlisten. Mehr kann man wirklich nicht verlangen.«

2009 erhält Stephen Hawking von Präsident Obama die Medal of Freedom

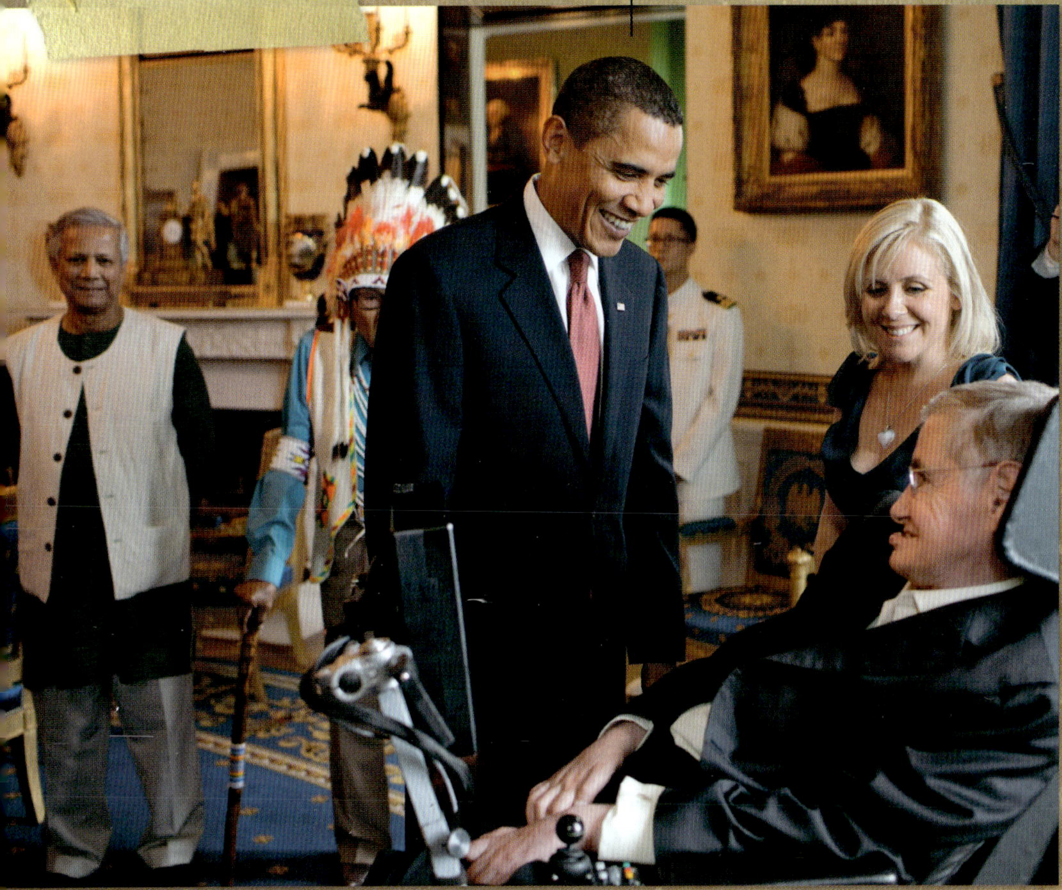

Das Stephen Hawking Centre am Perimeter Institute in Ontario, Kanada

Zeittafel

8. Januar 1942
Stephen William Hawking wird in Oxford geboren, wohin seine Eltern gezogen waren, damit die Familie vor den Bomberangriffen der deutschen Luftwaffe sicher war.

1959
Hawking beginnt, an der University of Oxford Naturwissenschaften (Mathematik und Physik) zu studieren.

1962
Seine Faulheit kostet Hawking beinahe die nötige Bestnote für das Promotionsstudium in Cambridge. Nach einer entnervenden Wartezeit bekommt er schließlich die „Eins" und kann in Cambridge anfangen.

1962
Stephen lernt auf einer Sylvesterparty in St. Albans Jane Wilde kennen. Er macht ihr im idyllischen Cambridge den Hof, und sie verloben sich.

1963
Nachdem er einige Male gestürzt war, unterzieht sich Stephen Tests. Die Diagnose lautet Amyotrophe Lateralsklerose (ALS), eine unheilbare Krankheit, die die Lebenserwartung drastisch verringert.

1965
Hawking findet Anerkennung als Wissenschaftler. Er heiratet Jane, und die beiden bekommen drei Kinder: Robert, Lucy und Timothy. Hawking erhält eine Stelle am Gonville and Caius College in Cambridge.

1969
Stephen ist auf den Rollstuhl angewiesen. Sein Zustand verschlimmert sich in den folgenden Jahren. Er kämpft darum, weiter alleine aufstehen, sich anziehen und essen zu können.

1974
Hawkings wissenschaftliche Arbeit wird gewürdigt, indem er als Mitglied in die Royal Society – eine der angesehensten Gelehrtengesellschaften – aufgenommen wird.

1979
Die University of Cambridge ehrt Hawking durch die Berufung auf den Lucasischen Lehrstuhl für Mathematik, den im 17. Jahrhundert Isaac Newton einnahm.

1985
Hawking überlebt nur knapp eine Lungenentzündung. Ein Luftröhrenschnitt rettet sein Leben, nimmt ihm aber die Stimme. Später wird an seinen Computer ein mobiler Sprachgenerator angeschlossen, der ihm erlaubt, weiter zu kommunizieren.

1988
A Brief History of Time wird veröffentlicht und erobert sofort die Bestseller-Listen der USA und Großbritanniens. Hawking wird weltberühmt.

1990
Stephen verlässt Jane und lebt mit Elaine Mason, einer seiner Pflegerinnen, zusammen. Sie heiraten später; doch 2006 reicht er die Scheidung ein.

14. März 2018
Hawking stirbt im Alter von 76 friedlich in seinem Haus in Cambridge. Wissenschaftler aus der ganzen Welt würdigen ihn. Das Gonvill and Caius College setzt seine Flagge auf Halbmast.

Glossar

Agnostizismus Agnostiker sind Skeptiker, was die Religion betrifft. Sie glauben, dass man weder „wissen" kann, dass Gott existiert, noch, dass er nicht existiert.

ALS Amyotrophe Lateralsklerose (ALS) ist eine seltene und unheilbare Krankheit, die in Amerika als Lou-Gehrig-Syndrom und in England als Motor Neuron Disease bekannt ist. Die Krankheit führt meist innerhalb von zwei oder drei Jahren nach der Diagnose zum Tod.

Caltech Am California Institute of Technology in Los Angeles forschte Hawking in den frühen 1970er Jahren ein Jahr lang gemeinsam mit dem bekannten Physiker Kip Thorne.

Carl Sagan Amerikanischer Astrophysiker, Autor und Fernsehmoderator. Sagan war einer der ersten Naturwissenschaftler, der die Kosmologie der Öffentlichkeit nahebrachte. Er schrieb das Vorwort zu *A Brief History of Time.*

CERN Europäisches Kernforschungs zentrum (Centre Européen pour la Recherche Nucléaire) in Genf. Hier steht der berühmte Teilchenbeschleuniger LHC (Large Hadron Collider).

DAMTP Department of Applied Mathematics and Theoretical Physics in Cambridge, an dem Hawking einer der Forschungsdirektoren ist.

Dennis Sciama Bedeutender theoretischer Physiker in Cambridge; leitete in den 1960er Jahren junge Naturwissenschaftler, unter anderem Hawking, an, die später wesentliche Beiträge zur Kosmologie lieferten.

Elaine Mason Eine der Pflegerinnen von Hawking, für die er 1990 Jane verließ. Sie heirateten 1995, wurden im Jahr 2006 aber wieder geschieden.

Equalizer Hawking konnte nach seinem Luftröhrenschnitt nicht mehr sprechen. Mithilfe des Computerprogramms Equalizer konnte er Wörter auswählen, die dann von einem Sprachgenerator für ihn „gesprochen" wurden.

Gonville and Caius College Hawking wurde 1965 Mitarbeiter an diesem College und konnte dort nach der Promotion seine kosmologische Forschung fortsetzen.

Jane Wilde Stephens erste Frau, die er 1965 heiratete. Jane kümmerte sich 25 Jahre um ihn. Beide haben drei Kinder: Robert, Lucy und Timothy.

Kip Thorne US-amerikanischer theoretischer Physiker, fast 30 Jahre lang einer der führenden Köpfe am Caltech. Als Emeritus verfolgt er weiter seine Studien am Caltech und arbeitet an einem Sciencefiction-Film *Interstellar* mit Steven Spielberg.

Kosmologie … ist die Erforschung von Anfang, Entwicklung und Struktur des Universums und der Naturgesetze, die es regieren und aufrechterhalten. Der Kosmos hat Philosophen und Mathematiker aller Zeiten beschäftigt. Die Urknall-Hypothese ist ein Kernstück der modernen Kosmologie.

Lucasische Professur Hawking nahm diesen prestigeträchtigen Posten in Cambridge 30 Jahre lang ein. Einer seiner Vorgänger war Isaac Newton.

Luftröhrenschnitt Chirurgischer Eingriff, bei dem in die Luftröhre eine Kanüle eingesetzt wird, durch den der Patient anstelle von Mund und Nase atmet.

Perimeter Institute (PI) An diesem Institut in Ontario, Kanada, wurde Hawking der Distinguished Research Chair verliehen. Das Forschungszentrum ist auf theoretische Physik spezialisiert.

Roger Penrose Ein englischer mathematischer Physiker, heute emeritierter Professor für Mathematik an der Oxford University. Die Arbeiten von Penrose und Hawking über Schwarze Löcher und Singularitäten haben unser Verständnis vom Universum maßgeblich vorangebracht. 1994 erhielt Penrose den Ritterschlag.

Royal Society Weltberühmte Gelehrtengesellschaft, die Hawking mit 32 Jahren als eines der jüngsten Mitglieder aufnahm.

The Simpsons Eine der am längsten laufenden amerikanischen Zeichentrick-Serien. Hawking hat für einige Episoden seine künstliche Stimme zur Verfügung gestellt. Seit 1991 sind die Simpsons auch in Deutschland zu sehen.

University College, Oxford Hawking studierte am University College Naturwissenschaften, wo zuvor sein Vater Dozent für Medizin war.

Teil 2

Werk

Spezielle Relativitätstheorie

Auf Einsteins Schultern

Viele sehen in Hawking den Nachfolger **Einsteins**. Nicht nur sein Intellekt konnte sich mit dem dieses großen deutschen Physikers messen, auch vieles in seiner Arbeit basiert auf Einsteins großer Errungenschaft, der Relativitätstheorie. Genau genom-men gibt es zwei Relativitätstheorien: die „Allgemeine" und die „Spezielle". Die Spezielle Relativitätstheorie, die Einstein 1905 vorstellte, befasst sich mit der Bewegung von Objekten nahe der Lichtgeschwindigkeit. Sie geht über die klassische Theorie **Galileis** aus dem 16. Jahrhundert hinaus, die besagt, dass sich die relative Geschwindigkeit zweier bewegter Objekte durch Addition ihrer einzelnen Geschwindigkeiten ergibt. Schon im 19. Jahrhundert war man bei der Erforschung des Elektromagnetismus auf Fälle gestoßen, in denen dies offenbar nicht stimmte. Einstein gab mit seiner Speziellen Relativitätstheorie die Erklärung.

Kurzfassung
In vielen Arbeiten stützte sich Hawking auf Albert Einstein, der sinngemäß sagte: Wenn man allzu schnell vorangeht, bleibt der gesunde Menschenverstand auf der Strecke.

Relativ seltsame Dinge

Die Hauptaussage der Speziellen Relativitätstheorie ist, dass die **Lichtgeschwindigkeit** konstant ist und damit auch die Geschwindigkeit aller Objekte, die sich mit Lichtgeschwindigkeit bewegen – gleichgültig, aus welchem Bezugssystem man sie betrachtet. Wenn Sie sich mit Lichtgeschwindigkeit bewegen könnten und mit einem Lichtstrahl mithalten wollten, hätten Sie keine Chance: Der Strahl würde sich mit Lichtgeschwindigkeit von Ihnen entfernen. Die mathematische Formulierung dieser Theorie führte zu etlichen Gesetzen für die Relativbewegung von Objekten mit hoher Geschwindigkeit – mit einigen merkwürdigen Folgen. So erscheinen Objekte umso kleiner, je schneller sie sich bewegen – ein Effekt, den man „Längenkontraktion" nennt. Noch seltsamer ist, dass die Zeit in einem schnell bewegten System langsamer abläuft. Aufgrund dieser „Zeitdilatation" altert ein sehr schnell Reisender langsamer als jemand, der sich nicht vom Fleck bewegt.

Siehe auch
ALLGEMEINE RELATIVITÄTSTHEORIE (S. 68)

Die Zauberformel $E = mc^2$

Eine berühmte Folgerung aus der Speziellen Relativitätstheorie ist, dass Masse und Energie äquivalent und über die Gleichung $E = mc^2$ miteinander verbunden sind. Diese Gleichung bedeutet, dass man aus der Umwandlung der Masse m eine gewaltige Menge von Energie E erhält: die Masse in Kilogramm multipliziert mit dem Quadrat der Lichtgeschwindigkeit c = 300 000 Kilometer pro Sekunde. In den 1930er Jahren fanden Wissenschaftler heraus, dass es bestimmte Prozesse gibt, bei denen sich die Masse eines Atoms verringert. **Einsteins Gesetz** legt nahe, dass durch diesen Massenverlust eine große Menge an Energie frei wird. Damit wies Einstein den Weg zur **Kernenergie**, einer Technologie, die später angewandt wurde, um Städte mit Energie zu versorgen – und um sie zu zerstören.

„Einstein ist der einzige Physiker, der mit Newton verglichen werden kann."

$(E = mc^2)$

Allgemeine Relativitätstheorie

Tücken der Schwerkraft

Der Großteil von Hawkings Forschungsarbeit basiert auf Einsteins zweiter genialer Theorie, der **Allgemeinen Relativitätstheorie**. Wie der Name sagt, ist sie eine Verallgemeinerung seiner früheren Ansätze. Einstein hatte bald erkannt, dass die Spezielle Relativitätstheorie unvollständig ist, da sie Gravitation außer Acht lässt. Er wusste auch, dass **Isaac Newtons Gravitationstheorie**, die seit dem 17. Jahrhundert akzeptiert war, mit der Relativitätstheorie nicht zu vereinbaren ist. Nach Newtons Theorie kann die Schwerkraft Objekte dazu bringen, sich beliebig schnell zu bewegen, während sie nach der Relativitätstheorie nicht schneller als das Licht sein können. Einstein gelang es, mit seiner Allgemeinen Relativitätstheorie aus dem Jahr 1915 beide Probleme gleichzeitig zu lösen.

Kurzfassung

Einsteins grundlegende Idee, dass Masse und Energie das Gerüst aus Raum und Zeit krümmen können, erweckt das Interesse eines gewissen jungen Mannes.

Gekrümmte Räume

Der deutsche Mathematiker **Hermann Minkowski** legte eine neue mathematische Interpretation der Speziellen Relativitätstheorie vor, wonach Raum und Zeit Teile einer allgemeinen Struktur sind, der „**Raumzeit**". Minkowskis Raumzeit ist flach. Einstein erkannte nun, dass er die Auswirkung der Gravitation auf natürliche Weise einbauen konnte, indem er Minkowskis flache Raumzeit-Welt krümmte. Er konnte sie aber nicht x-beliebig krümmen, sondern musste Form und Stärke der Krümmung sorgfältig aus der im Raum enthaltenen Masse (und damit der Energie) bestimmen. Dabei musste er stets die Grundgesetze der Physik berücksichtigen. Es kostete Einstein viele Jahre anstrengender Arbeit, eine Form seiner Feldgleichungen zu finden, die all diese Forderungen erfüllte.

Siehe auch
SCHWARZE LÖCHER
(S. 70)

Das „goldene Zeitalter"

1919 leitete der britische Astronom **Sir Arthur Eddington** eine Expedition zur Insel Principe vor Westafrika, um eine **totale Sonnenfinsternis** zu beobachten. In den wenigen Minuten, in denen der Mond die Sonnenscheibe völlig überdeckte, konnte Eddington die Krümmung des Lichtstrahls von fernen Sternen messen, die von der Gravitation der Sonne verursacht wird. Diese Krümmung wird von der Allgemeinen Relativitätstheorie vorausgesagt, und Eddingtons Messungen stimmten vollkommen mit den Resultaten der Einstein'schen Gleichungen überein. Die weitere Erforschung der Allgemeinen Relativitätstheorie ging danach nur zögerlich voran, vielleicht auch, weil die Theorie so schwer zu verstehen ist. Im „**goldenen Zeitalter**" der 1960er und 1970er Jahre gab es dann aber eine regelrechte Welle neuer theoretischer Erkenntnisse, und an vorderster Front arbeitete ein junger Physiker in Cambridge, dessen Ruhm langsam wuchs: Stephen Hawking.

»Die Masse der Sonne krümmt die Raumzeit dergestalt, dass sich die Erde, obwohl sie in der vierdimensionalen Raumzeit einem geraden Weg folgt, im dreidimensionalen Raum auf einer kreisförmigen Umlaufbahn zu bewegen scheint.«

Hermann Minkowski

Totale Sonnenfinsternis

Sir Arthur Eddington

Schwarze Löcher

Herz der Finsternis

Schwarze Löcher sind Regionen in Raum und Zeit, in denen die Schwerkraft so stark ist, dass nicht einmal das Licht zu entkommen vermag. Der englische Philosoph **John Michell** warf im 18. Jahrhundert als Erster die Frage auf, ob es solche Regionen geben könnte. Er nannte sie „dunkle Sterne“. Aber erst 1915 zeigte der deutsche Physiker **Karl Schwarzschild**, dass ihre Existenz von Einsteins Allgemeiner Relativitätstheorie vorausgesagt wird. In den 1940er Jahren begannen die Physiker, die Verbindung zwischen Relativitätstheorie und Schwarzen Löchern näher zu untersuchen. Der Name „Schwarzes Loch“ wurde erst 1967 von dem an der Princeton University arbeitenden Physiker **John Archibald Wheeler** geprägt.

Horrortrips

Die Außenfläche eines Schwarzen Lochs wird als „**Ereignishorizont**“ bezeichnet. Von einer festen Oberfläche kann aber nicht die Rede sein; es handelt sich um eine gedachte Kugel im Raum um das Zentrum des Schwarzen Lochs, aus dessen Inneren man aufgrund seiner Anziehungskraft **unmöglich entkommen kann**. Alles, was über diesen Ereignishorizont kippt, ist verloren: Es wird im Kern des Schwarzen Lochs vernichtet. Hawking beschrieb in seinen Büchern und Vorträgen gern, wie es einem Weltraumreisenden geht, wenn er über den Ereignishorizont eines Schwarzen Lochs stürzt. Von ihm stammt der Begriff „**Spaghettifizierung**“, der die ziemlich grauenhafte Streckung des empfindlichen menschlichen Körpers durch die starken Gravitationsfelder beschreibt.

Glatzköpfe

Die Schwarzen Löcher waren im „goldenen Zeitalter“ der Erforschung der Allgemeinen Relativitätstheorie ein vorherrschendes Thema, und Hawking trug viele Resultate bei. Eines der ersten war ein Beweis, den er zusammen mit dem australischen Physiker **Brandon Carter** führte, dass nämlich die Schwarzen Löcher „keine Haare“ haben. Die Idee hatte schon John Archibald Wheeler geäußert, ohne sie beweisen zu können. Er glaubte, man könne ein Schwarzes Loch durch nur drei Größen beschreiben: Masse, elektrische Ladung und „Spin“ (eine Art Rotationszustand von Teilchen). Hawking und Carter bewiesen nun, dass das wirklich stimmt: Die **gewaltige Schwerkraft** eines Schwarzen Lochs radiert alle anderen feinen Details, also die „**Haare**“, aus, sodass zwei Schwarze Löcher mit gleicher Masse, Ladung und Spin – zumindest nach den Regeln der klassischen Physik – nicht zu unterscheiden sind.

Kurzfassung

Hawking geht an die Arbeit: Er entwickelt eine neue Sicht der Schwarzen Löcher, dieser seltsamsten Objekte des Kosmos, und beweist, dass sie – wenn sie denn existieren – jedenfalls zu den einfachsten Objekten des Universums gehören.

Siehe auch

SINGULARITÄTEN (S. 72)
HAWKING-STRAHLUNG (S. 80)

„Mit Fug und Recht ließe sich vom Ereignishorizont sagen, was der Dichter Dante über den Eingang zur Hölle schrieb: ‚Die ihr hier eintretet, lasset alle Hoffnung fahren.“

Singularitäten

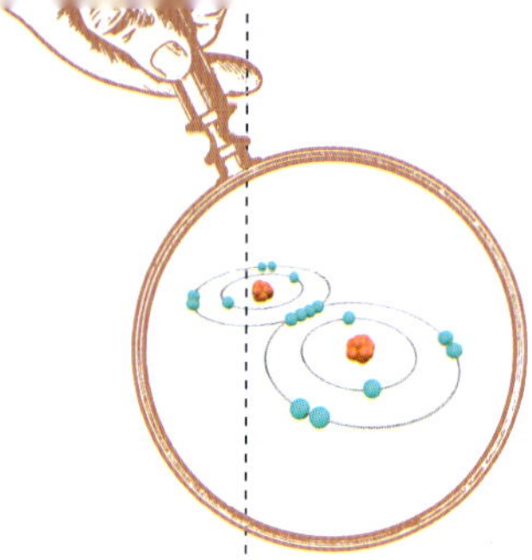

Das Auge der Unendlichkeit

Man nimmt an, dass sich Schwarze Löcher durch einen **Gravitationskollaps** bilden. Können die inneren Kräfte – etwa der thermische Druck oder die Molekülbindungen – einen Körper nicht mehr gegen seine eigene, nach innen ziehende Schwerkraft stabil halten, implodiert der Körper und kollabiert in eine „Singularität" – einen Punkt mit unendlich großer Dichte. In den frühen 1970er Jahren bewies Hawking, dass aus der Allgemeinen Relativitätstheorie die Existenz einer Singularität im Herzen eines jeden Schwarzen Lochs folgt. Eigentlich dürfte es in der Natur keine Schwarzen Löcher geben, da in ihnen die Dichte unendlich groß wird, was mit einer physikalischen Größe in der realen Welt nicht passieren kann. Dieses Dilemma erwies sich als noch frustrierender, nachdem die Astronomen von ersten eindeutigen Nachweisen der **Existenz Schwarzer Löcher** berichteten.

Kurzfassung

Schwarze Löcher verbergen sich hinter einem dunklen Schleier, aber einige können – so Hawking – sozusagen erschreckend sichtbar werden.

Nackte Singularitäten

Dass die Allgemeine Relativitätstheorie eine Singularität als das Endstadium eines Gravitationskollapses vorhersagt, wurde von einigen Forschern als Zeichen dafür interpretiert, dass die Theorie letztlich versagt. Nicht jeder folgte allerdings dieser Argumentation. So glaubte der Oxforder Mathematiker **Roger Penrose**, dass Singularitäten durchaus physikalisch zulässig sein können – wenn sie auf irgendeine Weise unseren Augen verborgen sind. Für ein gewöhnliches Schwarzes Loch ist das sicher der Fall, weil ja die Singularität hinter dem Ereignishorizont versteckt ist, durch den weder Licht noch andere Signale entkommen können. Penrose nannte das „**kosmische Zensur**". Es stellte sich aber durch die Arbeiten von Hawking und anderen bald heraus, dass es zumindest in der Theorie Umstände geben kann, in denen der Ereignishorizont um ein Schwarzes Loch verschwindet und eine „**nackte Singularität**" zurücklässt.

Siehe auch

SINGULARITÄTS-THEOREME (S. 74)
HINWEISE AUF SCHWARZE LÖCHER (S. 132)
VERDAMPFUNG SCHWARZER LÖCHER (S. 134)

Blitzartige Singularitäten

In den 1990er Jahren untersuchte Hawking, wie solche nackten Singularitäten aussehen könnten und wie sie auf den Rest des Universums wirken. Was er fand, war überhaupt nicht nett! Hawking arbeitete damals mit **John Stewart** zusammen, einem Kollegen in Cambridge, und veröffentlichte 1992 mit ihm einen Aufsatz über einen Sonderfall einer nackten Singularität: Sie rast im Augenblick ihrer Entstehung als „**blitzartige Singularität**" (*thunderbolt singularity*) mit Lichtgeschwindigkeit (und auch schneller) in den Raum und zerquetscht und verschlingt dabei alles, was ihr in den Weg kommt. Hawking stellte zur Diskussion, dass eine solche blitzartige Singularität eines der möglichen Endstadien des sogenannten „**Verdampfens**" **eines Schwarzen Lochs** sein könnte.

»Gott verabscheut eine nackte Singularität.«

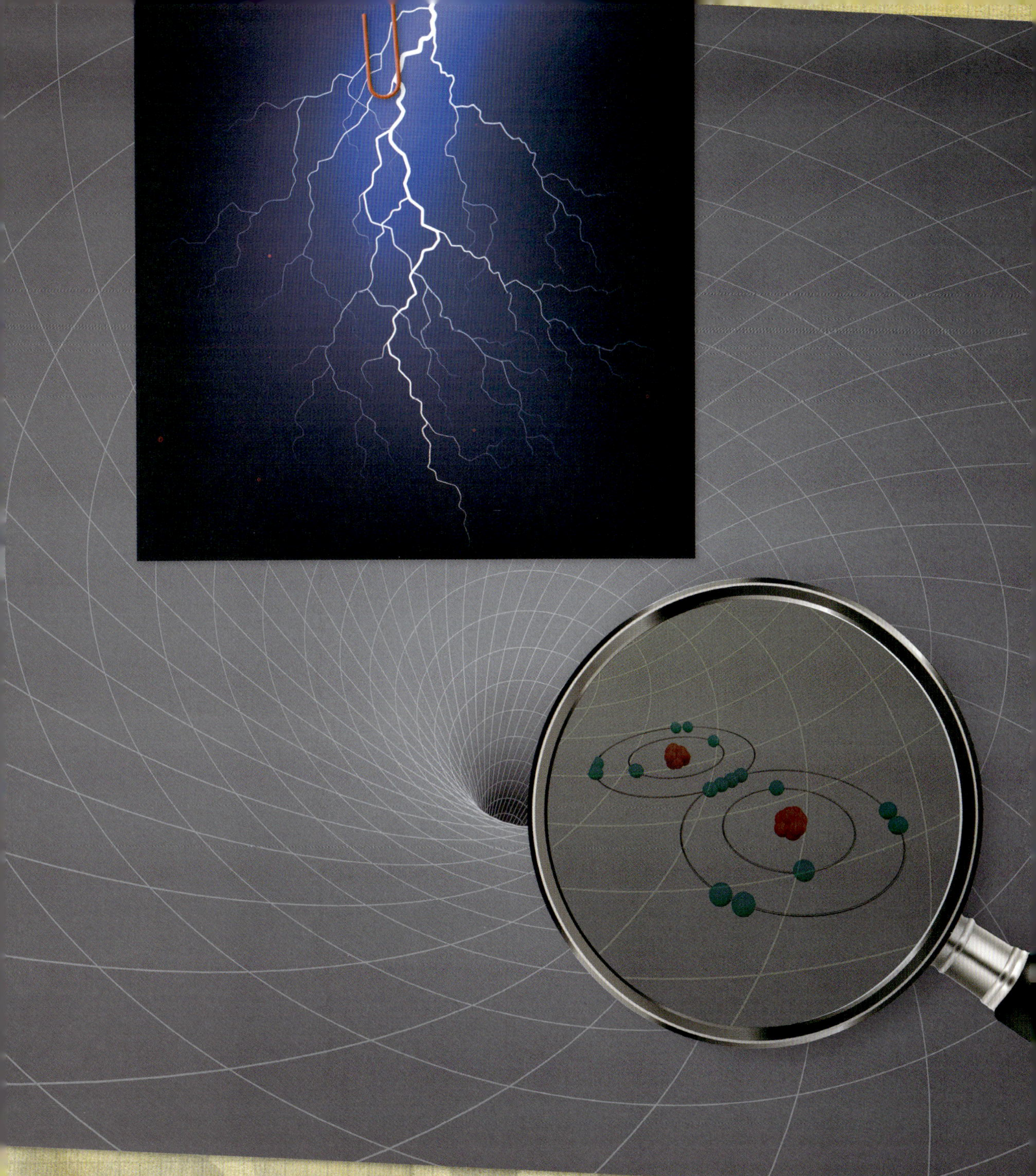

Singularitäts-Theoreme

Maximale Energie

Hawking tat sich mit **Roger Penrose** von der Oxford University zusammen, um der Frage auf den Grund zu gehen, ob die Natur Singularitäten erlaubt oder nicht. Gemeinsam bewiesen sie eine Reihe von Theoremen über die mathematischen Voraussetzungen, unter denen sich eine Singularität bilden kann. Es geht dabei um die Existenz „**gefangener Flächen**" (*trapped surfaces*), das sind Regionen des Raums, deren Schicksal es ist, durch die Schwerkraft zu einem Punkt zusammenzuschrumpfen. Bei ihrem Ansatz mussten Hawking und Penrose Annahmen über den **Energieinhalt des Raums** treffen sowie Obergrenzen für die kinetische Energie und die Energie der Ruhemasse angeben, die in diesem Raum erlaubt sind. Diese Energiebedingungen haben inzwischen in einer Vielzahl anderer Forschungsgebiete der Relativitätstheorie und Kosmologie Anwendung gefunden.

Kurzfassung

Als er die Bedingungen untersuchte, unter denen sich die superdichten Kerne Schwarzer Löcher bilden, stellte Hawking fest, dass sich das gesamte Universum aus einem ähnlichen Zustand entwickelt haben muss.

Im freien Fall

Ein verräterisches Zeichen für einen Bereich der Raumzeit mit einer Singularität ist eine sogenannte „**unvollständige Geodäte**". Eine Geodäte ist die Raumzeit-Bahn, die ein Körper im freien Fall durchläuft. Der Apfel, der vom Baum fällt, folgt einer Geodäte, das Gleiche gilt für ein Raumschiff, das die Erde umkreist. Wenn die Allgemeine Relativitätstheorie in irgendeiner Weise als wissenschaftliche Theorie taugt, müsste sie Geodäten bis in die fernste Zukunft vorausberechnen können. Hawking und Penrose konnten aber zeigen, dass eine Geodäte, wenn sie eine Singularität durchquert, in einer Sackgasse endet und keine Zukunft mehr hat. Dieses Phänomen wird als „**geodätische Unvollständigkeit**" bezeichnet und ist ein sicheres Zeichen für eine Singularität. Hawking widmete den Singularitäts-Theoremen, den Energiebedingungen und der geodätischen Unvollständigkeit große Abschnitte seines mit George Ellis verfassten Buches ***The Large Scale Structure of Space-Time*** von 1973.

Siehe auch
SINGULARITÄTEN
(S. 72)

Geburt des Universums

Als Hawking 1970 Geodäten bis an den **Anfang der Zeit** zurückverfolgte, kam er zu einem bedeutsamen Schluss: Wenn man der Allgemeinen Relativitätstheorie glaubt, ist unser Universum selbst aus einer Singularität in Raum und Zeit entstanden. Die Astronomen wissen heute, dass sich das **Universum ausdehnt**. Lässt man diese Expansion in der Zeit rückwärts laufen, muss man zu einem Punkt mit unendlicher Dichte kommen. Die nächste Frage ist dann, wo die nötige Kraft herkam, um die Schwerkraft in jener Singularität zu überwinden, sodass daraus das Universum, wie wir es kennen, Gestalt gewinnen konnte. Mit anderen Worten: Wie hat der **Urknall** funktioniert?

»Wenn Einsteins Allgemeine Relativitätstheorie richtig ist, gibt es eine Singularität, einen Punkt unendlicher Dichte und unendlicher Krümmung der Raumzeit. Dort hat die Zeit angefangen.«

Mechanik der Schwarzen Löcher

Heiße Schwarze Löcher

1973 veröffentlichte Hawking zusammen mit **Brandon Carter** aus Cambridge und **James Bardeen** vom Caltech eine Arbeit, in der eine überraschende Parallele zwischen der Physik der Schwarzen Löcher und den Gesetzen der Thermodynamik gezogen wird. Diese Gesetze wurden von den Physikern des 18. und 19. Jahrhunderts formuliert, um das Wechselspiel von Wärmeenergie und Bewegungsenergie zu erklären. Sie bildeten die wissenschaftliche Basis der industriellen Revolution und beschreiben Größen wie **Wärme, Temperatur und „Entropie"** (ein Maß für den Ordnungszustand eines Systems).

Entropie der Schwarzen Löcher

Nach dem auch „Entropiesatz" genannten „Zweiten Hauptsatz der Thermodynamik" muss die Entropie in einem abgeschlossenen System immer zunehmen. Hawking erkannte, dass Schwarze Löcher folglich Entropie enthalten müssen. Da nämlich aus ihnen nichts entweichen kann, müsste Materie, die über den Ereignishorizont stürzt, ihre Entropie sonst irgendwie „abschütteln" – was ziemlich **unphysikalisch** scheint. Diese Überlegungen führten die drei Kollegen zu den **vier Gesetzen der Mechanik der Schwarzen Löcher**, die bemerkenswert den Hauptsätzen der Thermodynamik ähneln: Der Gravitationsdruck nimmt in den Gleichungen die Stelle der Temperatur ein, die Fläche des Ereignishorizonts die der Entropie. Wendet man die **Quantentheorie** auf Schwarze Löcher an, wird auch der Zusammenhang klar: Schwarze Löcher haben eine Temperatur (in Form der Gravitation an der Oberfläche) und eine Entropie (in Form des Ausmaßes dieser Fläche).

De vier wetten

Das „nullte" Gesetz der Schwarzen Löcher ist nach dem **„Nullten Hauptsatz der Thermodynamik"** benannt, der so heißt, weil er zwar später als die anderen drei Hauptsätze formuliert wurde, aber der eigentlich grundlegende ist. Dieses nullte Gesetz besagt, dass auf dem Ereignishorizont die nach innen ziehende Schwerkraft überall gleich sein muss. Das erste Gesetz ist das **Gesetz der Energieerhaltung**: Die Gesamtenergie eines Schwarzen Lochs ist gleich seiner inneren Energie (Rotationsenergie + elektrische Energie + Massenenergie) zuzüglich der Energie von allem, was in das Loch fällt. Das zweite Gesetz besagt, dass die Oberfläche des Ereignishorizonts eines Schwarzen Lochs mit der Zeit immer zunimmt, und das dritte schließlich, dass die Schwerkraft an der Oberfläche eines Schwarzen Lochs nie null sein kann.

Kurzfassung

Hawking schließt zusammen mit Kollegen aus den Gesetzen der Thermodynamik, dass sich Schwarze Löcher fast wie eine Tasse Kaffee verhalten – ohne Milch und Zucker, versteht sich.

Siehe auch

HAWKING-STRAHLUNG (S. 80)

DAS INFORMATIONS-PARADOXON (S. 82)

„Die ersten Anzeichen einer Verbindung von Schwarzen Löchern und Entropie sah ich 1970, als ich entdeckt hatte, dass die Oberfläche eines Ereignishorizonts immer anwächst. Es gibt eine offensichtliche Analogie zum Zweiten Hauptsatz der Thermodynamik."

Quanten-Intermezzo

Kleine Dinge

Hawkings Forschung stützte sich nicht nur auf Einsteins Relativitätstheorien, sondern auch auf die zweite große Säule der Naturwissenschaft des 20. Jahrhunderts, die **Quantenmechanik**. Diese Theorie beschreibt das Verhalten der Atome, der Grundbausteine der Materie, und die Physik der allerkleinsten vorstellbaren Dinge. Die Grundlagen der Quantenmechanik wurden um den Beginn des 20. Jahrhunderts von Einstein und **Max Planck** gelegt, die erkannten, dass Licht nicht immer als kontinuierliche Welle beschrieben werden kann, sondern auch als ein Hagel unteilbarer Teilchen oder „**Quanten**". Einstein konnte sich allerdings mit der Quantenmechanik nie anfreunden, er verabscheute sie später regelrecht.

Kurzfassung
Während die Relativitätstheorie die größten Dimensionen des Universums beschreibt, beherrscht die Quantentheorie die kleinsten Dimensionen. Hawking meisterte sie beide.

Gott würfelt

In den ersten Jahrzehnten des 20. Jahrhunderts gewann die Quantenmechanik rasch an Boden. Der französische Physiker **Louis de Broglie** stellte fest, dass auch das Gegenteil von Einsteins und Plancks Beobachtungen stimmt – nicht nur Wellen verhalten sich wie Teilchen, sondern auch Teilchen wie Wellen („Welle-Teilchen-Dualismus"). **Erwin Schrödinger** drückte das in seiner berühmten Wellengleichung aus, die den Wellenzustand eines Materieteilchens beschreibt. Vielleicht eine der merkwürdigsten Konsequenzen daraus ist, dass Teilchen zur gleichen Zeit an verschiedenen Orten sein können, wobei die Schrödinger-Gleichung die Wahrscheinlichkeit angibt, mit der man ein Teilchen an einem Ort vorfindet, wenn man es denn sucht („misst"). **Werner Heisenberg** erweiterte dies mit seiner „Unbestimmtheitsrelation". Sie besagt, dass man unmöglich alle Eigenschaften eines Quantenteilchens zur gleichen Zeit exakt kennen kann. Misst man eine Eigenschaft, wird die Genauigkeit geringer, mit der man bestimmte andere ermitteln kann.

Siehe auch
HAWKING-STRAHLUNG (S. 80)
DAS ZIEL HEISST QUANTENGRAVITATION (S. 142)
QUANTENINFORMATIONSTHEORIE (S. 144)

Quantum fields forever

1927 wandte der britische Physiker **Paul Dirac**, Mentor von Hawkings Doktorvater Dennis Sciama, die Spezielle Relativitätstheorie auf die Schrödinger-Gleichung an, um subatomare Teilchen zu beschreiben, die fast so schnell wie das Licht sind. Diracs neue Gleichung führte zu aufregenden Entdeckungen wie die der Antimaterie, zur relativistischen Erweiterung der Spintheorie und zur ersten Quantenbeschreibung der Wechselwirkung zwischen Teilchen und elektromagnetischen Feldern. In den 1940er Jahren entwickelten andere Physiker, darunter der große **Richard Feynman**, Diracs Gleichung weiter zu einer vollständigen Theorie der Wechselwirkung zwischen Materie- und Strahlungsfeldern. „Quantenfeldtheorien" dieser Art beherrschten nun die Teilchenphysik und bildeten die Grundlage für viele Ideen von Hawking.

»Wenn ich von Schrödingers Katze höre, geht mir das Messer in der Tasche auf.«

Albert Einstein

Max Planck

Hawking-Strahlung

Quanten im gekrümmten Raum

Stephen Hawking war vor allem für den mathematischen Beweis berühmt, dass die Schwarzen Löcher **gar nicht so schwarz waren**. Das Wort „schwarz" bezieht sich auf die Tatsache, dass das Licht aus den Regionen intensiver Schwerkraft nicht entkommen kann. 1973 zeigte Hawking aber mithilfe der Quantentheorie, dass aus Schwarzen Löchern ständig Strahlen entweichen müssen. Das war ein Meilenstein in der Erforschung der Quantengravitation, mit der man die Allgemeine Relativitätstheorie mit der **schwer fassbaren Quantenwelt** vereinen will. Statt einer vollkommen quantenartigen Beschreibung der Gravitation, nach der die besten Physiker der Welt bis heute suchen, wandte Hawking die gewöhnliche Quantenfeldtheorie auf den **gekrümmten Raum** der Relativitätstheorie an.

Virtuelle Teilchen

Die Hawking-Strahlung beruht auf der Idee, dass der leere Raum nicht leer, sondern mit „virtuellen Teilchen" gefüllt ist, Paaren von **Elementarteilchen**, die in Übereinstimmung mit der Unbestimmtheitsrelation entstehen und vergehen. Die **Quantenunbestimmtheit** erlaubt es der Natur, die Energie zu „borgen", die nötig ist, um Teilchen zu erzeugen. Diese wird nach kurzer Zeit zurückgegeben, wobei sich die Paare wieder vereinen und verschwinden. Je mehr Energie „geborgt" wird, umso kürzer ist die Laufzeit des Kredits. Hawking sah keinen Grund, warum dieser Prozess nicht auch direkt am **Ereignishorizont eines Schwarzen Lochs** stattfinden sollte: Die Schwerkraft des Lochs fängt gelegentlich einen der Partner eines virtuellen Paars vor der Wiedervereinigung ein. Ein Teilchen verschwindet hinter dem Ereignishorizont und kehrt nie zurück, während das andere als Strahlung „aus dem Loch" entweicht.

Verdampfung Schwarzer Löcher

Jeder Partner eines virtuellen Paars hat die gleiche Energie wie sein Genosse, aber mit umgekehrtem Vorzeichen. Bei der **Hawking-Strahlung** hat das vom Schwarzen Loch verschluckte Teilchen eine negative Energie, verringert also die Masse des Schwarzen Lochs, weil nach Einsteins Gesetz Masse und Energie äquivalent sind. Das andere Teilchen trägt zu einem ständigen Abfluss von positiver Energie und Masse bei. Dieser Abbaueffekt ist als „**Verdampfung Schwarzer Löcher**" bekannt. „Gewöhnliche" Schwarze Löcher verdampfen unmerklich langsam. Ein Schwarzes Loch mit der Masse der Sonne würde einige 10^{67} Jahre brauchen, um zu verschwinden – das ist eine Eins mit 67 Nullen. Paradoxerweise nimmt die Verdampfungsrate zu, wenn die Masse des Lochs kleiner wird. Winzige Schwarze Löcher von Quantengröße können im Nu in den Raum verdampfen.

Kurzfassung

Man nehme ein Schwarzes Loch, rühre ein wenig Quantentheorie hinein und beobachte, wie aus dem Schwarzen Loch Teilchen strömen – im Gegensatz zu den Aussagen der Allgemeinen Relativitätstheorie.

Siehe auch

SCHWARZE LÖCHER (S. 70)
QUANTEN-INTERMEZZO (S. 78)

„Angesichts der Existenz Schwarzer Löcher ist zu vermuten, dass Gott nicht nur würfelt, sondern uns manchmal zusätzlich verwirrt, indem er die Würfel dorthin wirft, wo wir sie nicht sehen können."

Das Informations-paradoxon

Bits und Bytes

In der Mathematik wird der Begriff „Information" verwendet, um Daten zu quantifizieren. Der US-Mathematiker **Claude Shannon** ist ein Pionier der Informationstheorie der 1940er Jahre, in der die Menge von Daten auf fundamentale Einheiten zurückgeführt wird: die **Binärstellen oder „Bits"**. Ein Bit kann die Werte 0 oder 1 annehmen. Ein „Byte" ist wiederum eine Binärzahl aus 8 Bits und kann Zahlen zwischen 0 und 255 darstellen. Die Speicherfähigkeit unserer Computerfestplatten wird in Byte angegeben, oder, was dem heutigen Stand der Technik besser entspricht, in Gigabyte, also Milliarden von Byte. Shannon zeigte auch, in welcher Weise Information Entropie enthält, die sich als **Zufälligkeit der Information** äußert.

Fressen Schwarze Löcher Information?

Alle Objekte tragen Informationen, die ihre Eigenschaften kennzeichnen: Größe, Farbe, Form, Masse und dergleichen. In den 1970er Jahren fragte sich Hawking, was wohl mit diesen Informationen passiert, wenn ein Objekt in ein Schwarzes Loch fällt. Aus ihm kann nichts zurückkehren, also bleibt auch jede Information darin begraben. Das scheint aber das auch „Glatzensatz" genannte **„Keine-Haare-Theorem" der Schwarzen Löcher** zu verletzen, wonach Schwarze Löcher äußerst wenige Informationen enthalten. Hawkings Schluss war, dass die Informationen, die in ein Schwarzes Loch fallen, zerstört werden müssen. Das würde aber gegen andere Grundprinzipien der Physik verstoßen. Das Dilemma, das sich daraus ergab, ist als **„Informationsparadoxon der Schwarzen Löcher"** bekannt. Es führte zu heißen Debatten, wobei Hawking und andere Anhänger der Relativitätstheorie davon ausgingen, dass Informationen zerstört werden, während die Quantenphysiker das bezweifelten.

Ein Paradoxon und seine Auflösung

Lösungsvorschläge für dieses Paradoxon wurden von verschiedenen Wissenschaftlern vorgebracht. In den 1990er Jahren verkündeten **Leonard Susskind** und **Gerard 't Hooft** das „Holographische Prinzip", demzufolge Informationen, die in einem Schwarzen Loch versinken, irgendwie an seiner Oberfläche kleben bleiben. Diese Theorie war auf der Beobachtung gegründet, dass die **Entropie** eines Schwarzen Lochs und damit auch sein Inhalt an Information nicht zum Volumen des Lochs, sondern zur Oberfläche des Ereignishorizonts proportional ist. In 2004 änderte er seine Meinung. In 2016 präsentierte Hawking, zusammen mit Malcolm Perry und Andrew Strominger, neue interessante Vermutungen. Andere Physiker haben weitere Lösungen angeboten, während sich wieder andere nicht überzeugen ließen und das Informationsparadoxon der Schwarzen Löcher für eine offene Frage halten.

Kurzfassung

Die Materie wird zerquetscht, die Strahlung wird verschluckt, aber was passiert mit der Information, wenn sie in ein Schwarzes Loch fällt? Die Frage ist noch nicht eindeutig beantwortet.

Siehe auch

SCHWARZE LÖCHER (S. 70)
MECHANIK DER SCHWARZEN LÖCHER (S. 76)

„Es tut mir leid, Sciencefiction-Fans enttäuschen zu müssen. Aber wenn Information eine Erhaltungsgröße ist, kann man durch Schwarze Löcher nicht in andere Universen reisen."

Kosmologie

Herr des Universums

Stephen Hawkings Name wird meistens mit mathematischen Modellen der Entstehung, der Entwicklung und des Endes unseres Universums in Verbindung gebracht, also mit einem Zweig der Naturwissenschaften, den man **Kosmologie** nennt. Die schlüssigste Theorie, die bis jetzt von der Kosmologie geliefert wurde und auch den meisten experimentellen Überprüfungen standhielt, ist die Urknall-Theorie (Big Bang). In den 1920ern entdeckte der US-Astronom **Edwin Hubble**, dass sich ferne Galaxien schnell von uns entfernen und ihre Fluchtgeschwindigkeit mit dem Abstand von uns zunimmt. Daraus schloss man, dass sich das Universum ausdehnt: Es verhält sich wie ein Luftballon, der aufgeblasen wird, wobei aber der Raum nicht seinem Inneren entspricht, sondern seiner Gummihaut. Im folgenden Jahrzehnt gelang es den Mathematikern, mithilfe der Allgemeinen Relativitätstheorie ein Modell zu entwerfen, das dieses **expandierende Universum** beschreibt.

Kurzfassung
Vieles in Hawkings Forschung dreht sich um den Urknall, eine Explosion, mit der – alle Indizien deuten darauf hin – unser Universum vor 13,82 Milliarden Jahren seinen Anfang nahm.

Die kosmische Dreieinigkeit

Das **Friedman-Robertson-Walker-Modell** besteht eigentlich aus drei Modellen, die von der Wahl eines Parameters bestimmt werden. Dieser Parameter ist die Krümmung des Raums und kann die Werte –1, 0 und +1 annehmen. In Übereinstimmung mit der Allgemeinen Relativitätstheorie wird diese Krümmung von der Menge der in diesem Raum enthaltenen Materie bestimmt. Der Krümmung 0 entspricht ein flaches Universum, in dem die Masse gerade ausreicht, die kosmische Expansion irgendwann in ferner Zukunft in einem Gleichgewichtszustand zum Halt zu bringen. Das Universum mit der Krümmung +1 ist ein **„geschlossenes Universum“**, in dem die Gravitation so stark ist, dass sie die Expansion beendet. Das Universum stürzt in sich zusammen und endet als Antithese zum „Big Bang“ im „Big Crunch“, dem Endknall. Ein **„offenes Universum“** mit der Krümmung –1, das andere Extrem, dehnt sich in alle Ewigkeit aus.

Siehe auch
INFLATION
(S. 86)
QUANTENKOSMOLOGIE
(S. 88)
BOTTOM-UP ODER TOP-DOWN?
(S. 90)

Indizien für den Urknall

Die Theorie vom Urknall stützt sich auf zwei Beobachtungen. Die hohe Temperatur im Feuerball vor **13,82 Milliarden Jahren** nahm im Verlauf der Expansion ab und hinterließ im Raum eine schwache **Mikrowellen-Hintergrundstrahlung**. Diese Strahlung wurde 1964 entdeckt. Zweitens sollte der Theorie nach die hohe Anfangstemperatur die fundamentalen Elementarteilchen zusammengeschweißt haben, sodass daraus die chemischen Elemente entstanden: Wasserstoff, Helium und ein paar schwerere. Bei Untersuchungen **kosmischer Wolken aus der Frühzeit des Universums** fand man diese Elemente in genau der vorhergesagten Verteilung.

»Viele Preise sind für den Nachweis verliehen worden, dass das Universum nicht so einfach ist, wie wir es uns einst gedacht haben!«

Inflation

Kosmische Rätsel

Bei all ihrem großen Erfolg gibt die Urknall-Theorie noch eine Reihe von Rätseln auf. Da ist das **Horizontproblem**: Warum sehen die gegenüberliegenden Seiten des Himmels mehr oder weniger gleich aus, obwohl sie nie in direktem Kontakt zueinander standen? Und dann gibt es auch noch das **Flachheitsproblem**: Warum ist unser Universum mehr oder weniger flach? Beobachtungen zeigen, dass die Krümmung des Raums fast exakt gleich null ist, obwohl dieser Zustand mathematisch instabil ist.

Die Grapefruit-Lösung

Hawking war ein Vertreter der Inflationstheorie, die auf elegante Weise beide Probleme beseitigt. Nach dieser Theorie dehnte sich das Universum nach dem Urknall in den ersten 10^{-80} Sekunden superschnell aus und wuchs dabei um den **ungeheuren Faktor 10^{26}**. Das Universum war aber zu Beginn dieser inflationären Zeitspanne so winzig, dass es beim Ende der Inflation nicht viel größer als eine Grapefruit war – aber groß genug, um das Horizontproblem zu lösen: Die gegenüberliegenden Seiten des Raums waren anfangs in Kontakt, bevor sie von der Inflation mit **Überlichtgeschwindigkeit** auseinandergerissen wurden. Auch dem Flachheitsproblem konnte man beikommen: Sitzt man auf der Oberfläche einer Kugel, die sich rasant ausdehnt, hat man mehr und mehr den Eindruck einer flachen Oberfläche. Man vergleiche einfach nur die **große Krümmung** eines Fußballs und die für uns flach erscheinende Erdoberfläche!

Bescheidene Anfänge

Die Inflation kann sogar erklären, wie sich im Universum Galaxien bildeten. Virtuelle Teilchen tauchten im frühen Universum aufgrund der **Quantenunbestimmtheit** auf und vergingen wieder, was im Raum zu winzigen Dichtefluktuationen führte. Gewöhnlich hätte sich das auf das Reich der Quanten beschränkt. Während der Inflation wurden aber diese winzigen Strukturen auf immense astronomische Größen ausgedehnt. In 1982 gehörte Hawking zu den ersten Forschern die diese Phänomenen mathematisch erklären konnte. Als die Gluthitze des Urknallsabflaute und sich das **Universum abkühlte**, begann sich die Materie um diese Dichtefluktuationen zusammenzuballen. Die daraus entstehenden Zusammenballungen wuchsen sich schließlich zu Galaxien aus, zu riesigen kosmischen Inseln wie unsere **Milchstraße** mit Hunderten von Milliarden Sternen.

Kurzfassung

Die Urknall-Theorie allein genügt nicht; in den ersten winzigen Augenblicken nach der Entstehung des Universums muss noch eine gewaltige, blitzschnelle Expansion stattgefunden haben.

Siehe auch

QUANTENKOSMOLOGIE (S. 88)
BOTTOM-UP ODER TOP-DOWN? (S. 90)
GEBURT DES UNIVERSUMS (S. 138)

»Das Universum hat sich nach dieser Theorie von einem Punkt aus gleichmäßig ausgedehnt und dabei Energie aus dem Gravitationsfeld entnommen, um Materie zu bilden. Jeder Ökonom hätte vorausgesehen, dass das Ergebnis all dieser Borgerei eine Inflation sein würde.«

Quantenkosmologie

Vom Schwarzen Loch zum Universum

Eines der Probleme der **Urknall-Theorie** konnte allerdings auch die Inflation nicht beheben: Nichts kann den Fängen eines Schwarzen Lochs entgehen, aber die Urknall-Theorie fordert, dass das ganze Universum aus genau so einer Singularität entstanden ist. Was wäre eine denkbare Erklärung? Hawking vermutete, dass die **Quantentheorie** eine Antwort bereithalten und Quantenkorrekturen der Allgemeinen Relativitätstheorie möglicherweise zeigen würden, wie sich der Start des Universums aus einer abgeschwächten Singularität abgespielt haben könnte.

Randloses Universum

Hawking formulierte eine **Quanten-Wellengleichung** zur Beschreibung der Raumzeit-Struktur des jungen Universums. Normalerweise brauchen solche Gleichungen zwei Randbedingungen: einen Anfangs- und einen Endzustand. Zählt man alle Möglichkeiten zusammen, wie sich ein System zwischen diesen beiden Zuständen entwickeln kann, erhält man die Quanten-Wahrscheinlichkeit dafür, es im End-zustand vorzufinden. Das Ärgerliche dabei ist, dass niemand den Anfangszustand des Universums kennt. Hawking kam gemeinsam mit dem Kosmologen **James Hartle** von der University of Santa Barbara auf eine neue Lösung, bei der man den Anfangszustand nicht kennen muss: das „**No-Boundary-Proposal**" macht die Randbedingungen (boundary) zu einem Teil der Gesetze. So kann man die Wahrscheinlichkeit abschätzen, mit der sich ein Universum aus dem Nichts zu einem Stadium entwickeln kann, in dem die Inflation einsetzt. Hawkings letzter Forschungsartikel, den er mit dem belgischen Physiker Thomas Hertog in 2018 veröffentlichte, beschrieb wie der No-Boundary-Zustand zu der Schöpfung mehrerer Universen führen könnte.

Offene Universen

Die Idee von **Hartle und Hawking** ist nur in geschlossenen Universen sinnvoll, also solchen, in denen die Krümmung positiv ist. Ein zweidimensionales geschlossenes Universum kann man sich als Kugeloberfläche vorstellen, die sich wie das expandierende Universum immer mehr aufbläht. Gilt das No-Boundary-Proposal, kann sich ein Universum dieser Art von einem Punkt der Größe null aus stetig ausdehnen. Aber es gibt auch hier ein Problem: Nach neuen astronomischen Beobachtungen **ist das Universum gar nicht geschlossen**, sondern flach (hat also die Krümmung 0). Hawking und sein Kollege **Neil Turok** reagierten auf diese Entdeckung mit einer revidierten Theorie. Das **Hawking-Turok-Modell** schneidet von unserer zweidimensionalen Kugeloberfläche eine halbe Kugel ab, sodass eine sich auf ewig ausdehnende, schirmartige Halbkugel übrig bleibt – ein offenes Universum, das in vertrauter Weise eine Inflation durchläuft.

Kurzfassung

Nach all seinen Arbeiten über den Urknall begründete Hawking mithilfe der Quantentheorie, dass es gar keine Singularität gab, sondern das Universum aus dem Nichts entstand.

Siehe auch

INFLATION (S. 86)
QUANTENGRAVITATION (S. 92)
GEBURT DES UNIVERSUMS (S. 138)

„Dagegen hat die Quantengravitationstheorie eine neue Möglichkeit eröffnet – eine Raumzeit ohne Grenze. Dann ist es gar nicht notwendig, das Verhalten an der Grenze zu beschreiben."

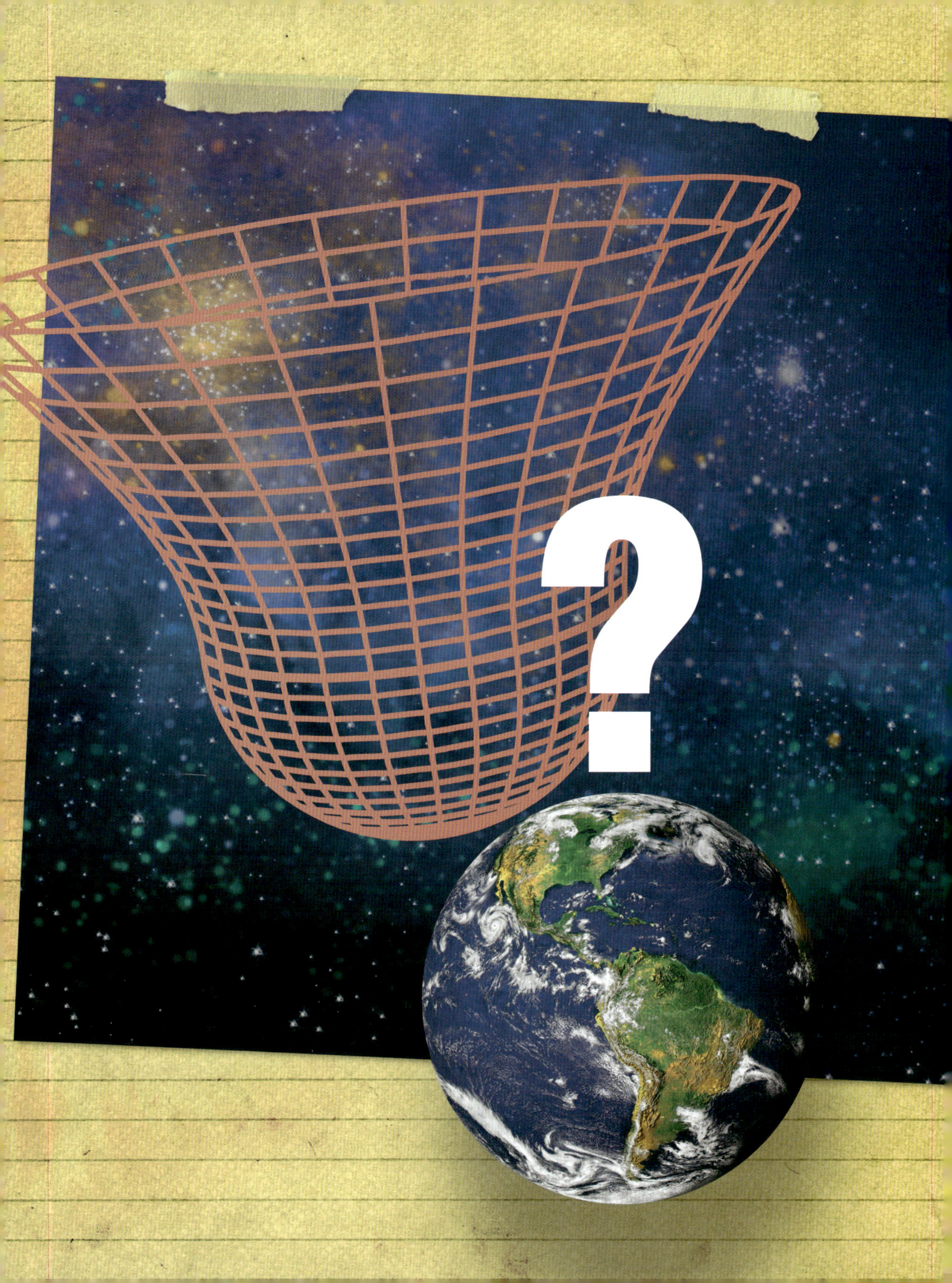

Bottom-up oder Top-down?

Top-down

Traditionellerweise arbeiten die Kosmologen wie alle anderen theoretischen Physiker: Sie gehen von einem mathematischen Modell aus, das meist aus einem Satz Gleichungen besteht, geben einen Anfangszustand vor und berechnen dann mit den Gleichungen den Zustand des Systems in der Zukunft. Hawking hat das als **„Bottom-up"-Kosmologie** bezeichnet. 2006 hat er aber zusammen mit Thomas Hertog vom CERN in Genf einen neuen Denkansatz vorgeschlagen: eine **„Top-down"-Kosmologie**. Die Grundidee ist, mit dem Endzustand eines Systems anzufangen, also zum Beispiel mit dem Zustand des heutigen Universums, und dann rückwärts zu rechnen, um herauszufinden, wie das Universum früher beschaffen war – statt von einem Anfangszustand in der Vergangenheit in die Gegenwart und Zukunft zu rechnen.

Quanteninspiration

Hawking und Hertog wurden durch Hawkings frühere Forschungsarbeiten zur Quantenkosmologie angeregt, insbesondere durch sein **No-Boundary-Proposal**. Hawking sah in einer Top-down-Kosmologie eine natürliche Erweiterung dieser Bedingung. Die Schlussfolgerung aus der neuen Theorie ist, dass man unmöglich eindeutige und verbindliche Zukunftsaussagen über das Universum treffen kann, also etwa über die Zahl seiner Raumdimensionen oder über eine allem zugrunde liegende Theorie der Elementarteilchen. Stattdessen gibt es viele denkbare „**Geschichten**", wie sich das Universum hätte entfalten können. Laut Hawking ist das Einzige, was man realistischerweise tun kann, diese Geschichten weiterzuspinnen oder, genauer gesagt, den Teil von ihnen, der von **astronomischen Beobachtungen** bestätigt wird; dann kann man die Wahrscheinlichkeit ermitteln, mit denen das Universum einen bestimmten Weg einschlägt.

Der anthropische Kosmos

Die Top-down-Kosmologie schwingt in einer anderen Idee mit, welche die Reihenfolge von Ursache und Wirkung in Frage zu stellen scheint. Sie wird „**anthropisches Prinzip**" genannt. In seiner rationalsten Formulierung besagt dieses Prinzip, dass es keine Überraschung ist, wenn die physikalischen Bedingungen und Gesetze in unserem Universum die Entwicklung von Leben erlaubt haben. Wäre alles anders verlaufen, gäbe es uns nicht und niemand würde sich mit solchen Fragen befassen. Hawking hat die Ähnlichkeit der beiden Theorien eingeräumt, bestand aber darauf, dass seine Theorie besser „**Auswahlprinzip**" genannt werden sollte und nicht anthropisches Prinzip, weil sie ihr Augenmerk nicht auf die biologische Frage nach dem Leben richtet – ganz zu schweigen von dem religiösen Beigeschmack.

Kurzfassung

Wenn man die Entwicklung des Universums verstehen will, ist laut Hawking der einzig logisch konsequente Weg, mit der Tradition der Theoretiker zu brechen und, von heute ausgehend, rückwärts in die Vergangenheit zu denken.

Siehe auch

KOSMOLOGIE
(S. 84)
QUANTENKOSMOLOGIE
(S. 88)

„Der Bottom-up-Ansatz wäre angemessen, wenn man wüsste, dass das Universum in einer bestimmten Weise gestartet wurde – sei es in endlicher oder unendlicher Vergangenheit. Weiß man das aber nicht, ist es besser, mit dem Top-down-Ansatz zu arbeiten."

Sonnensystem

Milchstraße

Urknall

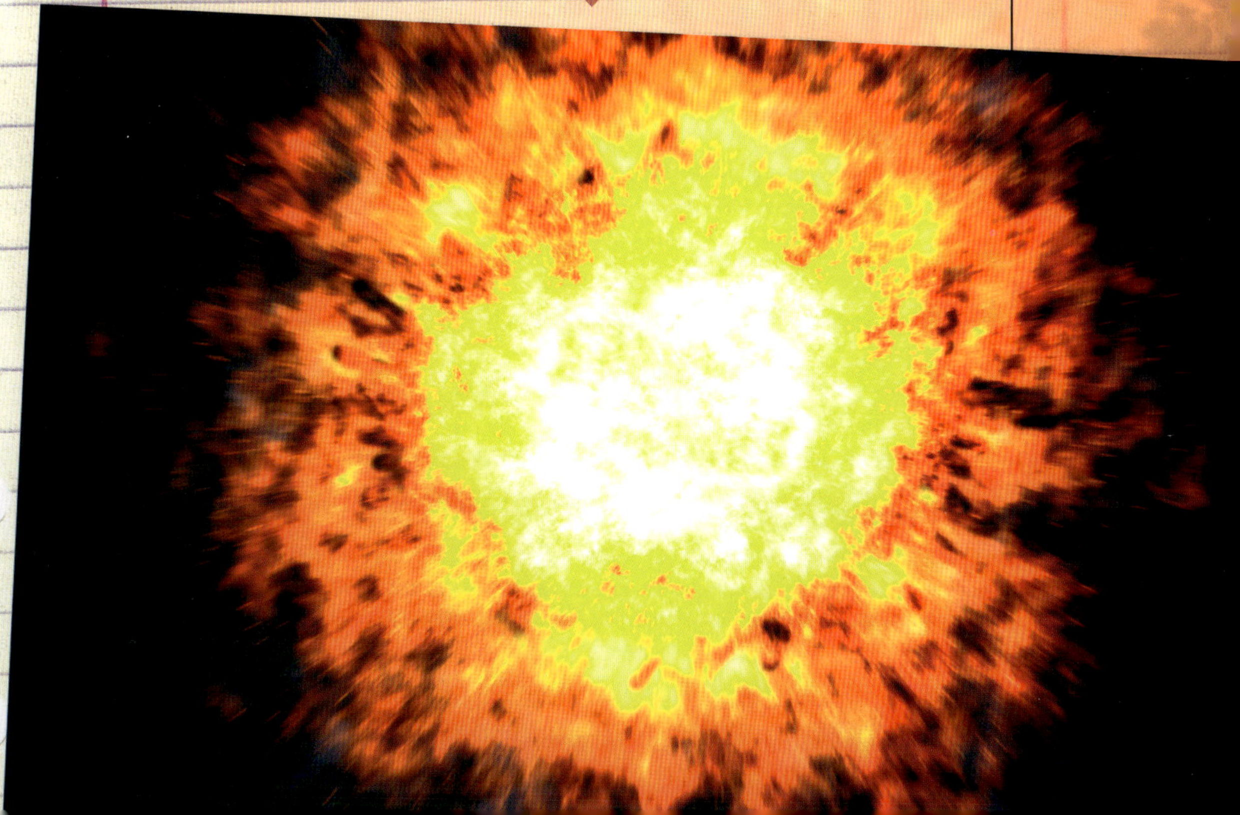

Quantengravitation

Die Lücke in Einsteins großer Theorie

Ein großes Problem plagt die theoretischen Physiker seit Jahrzehnten: Die Allgemeine Relativitätstheorie und die Quantentheorie sind nicht miteinander vereinbar. Auf den ersten Blick mag das nicht überraschen, denn Erstere ist eine **Theorie der Schwerkraft** und des Universums in seiner Gesamtheit, also großer Strukturen, Letztere dagegen eine **Theorie der winzigen Elementarteilchen**. Wenn man nun aber die Expansion des Universums zurückrechnet und beim Urknall ankommt, wird das Universum so winzig, dass es zwangsläufig sowohl von der Schwerkraft als auch von den Quanteneffekten beherrscht wird. Bisher sind alle Versuche gescheitert, die beiden Theorien zu vereinen. Stattdessen zeigten sich **Divergenzen**, die sich darin äußern, dass Größen wie etwa die Masse eines Teilchens ins Unendliche wachsen.

Kurzfassung

Kleine Dinge richten sich nach der Quantentheorie, große nach der Relativitätstheorie – und die beiden Bereiche werden sich nie berühren? Stephen Hawking glaubte das beide nebeneinander existieren konnten.

Euklidische Quantengravitation

Nachdem die Quantengravitation in den 1970er Jahren erstmals heiß diskutiert wurde, stand Hawking bei ihrer Erforschung an vorderster Front. Mit seinem Kollegen **Gary Gibbons** aus Cambridge entwickelte er einen neuen Ansatz, die **Euklidische Quantengravitation**. In der Relativitätstheorie ist die Zeit klar vom Raum unter-schieden. Gibbons und Hawking erkannten, dass die Gleichungen einfacher wer-den, wenn man die Zeit mathematisch umformt, indem man sie als vierte zu den drei anderen Raumdimensionen hinzunimmt. Die Raumzeit geht nun in einen vier-dimensionalen Raum über, der von den Axiomen des **griechischen Mathematikers Euklid** beherrscht wird. Hat man dann eine mathematische Lösung gefunden, kann man die vierte Raumdimension wieder in die Zeit zurückverwandeln. Mit diesem Ansatz gelang es Gibbons und Hawking, das Verständnis der **Thermodynamik der Schwarzen Löcher** zu verbessern.

Siehe auch

QUANTEN-INTERMEZZO (S. 78)

QUANTENKOSMOLOGIE (S. 88)

DAS ZIEL HEISST QUANTENGRAVITATION (S. 142)

Strings

Hawking war ein eifriger Vertreter der **String-Theorie** und ihrer größeren Schwester, der M-Theorie. Die String-Theorie basiert auf der Idee, dass die Unendlichkeiten oder „Divergenzen" der Quantengravitation davon verursacht werden, dass man **Quantenteilchen** als nulldimensionale Punkte betrachtet. Die Theorie versucht, diesen Mangel zu beheben, indem sie die Teilchen in eine Richtung streckt und sie so zu fadenförmigen Energie-Strings macht. Es gibt eine ganze Reihe String-Theorien, die inzwischen als Spezialfälle einer neuen, alles übergreifenden **M-Theorie** zusammengefasst wurden (M für engl. *mystery* = Rätsel, Mysterium). Hawking beschrieb 2010 in seinem Buch *The Grand Design* (*Der große Entwurf*) die M-Theorie, wobei man nicht vergessen darf, dass die Physiker bis heute um ihre vollständige mathematische Beschreibung kämpfen.

»Im ganz frühen Universum waren die Gravitationsfelder weit stärker, und die Quantengravitation zeigte ihre Wirkung.«

Sir Isaac Newton

Was hat sich Gott gedacht?

Die große Vereinigung

Eng mit der Entwicklung der **Quantengravitation** ist die Suche der Physiker nach einer **Theorie von allem**, auch „Weltformel" genannt, verbunden. Derzeit geht man von vier Grundkräften der Natur aus: der Schwerkraft, der elektromagnetischen Kraft und den zwei Quantenkräften, die im Inneren der Atome wirken, der „schwachen" und der „starken" Kernkraft. In den 1970er Jahren gelang es, die elektromagnetische und die schwache Kraft zur **„elektroschwachen" Wechselwirkung** zu vereinen. Die Vorhersagen der entsprechenden Theorie wurden inzwischen durch Experimente mit Teilchenbeschleunigern **bestätigt**. Mit der Weltformel will man alle vier Kräfte unter einen Hut bringen. Hawking argumentiert in *A Brief History of Time*, dass eine solche vereinheitlichte Beschreibung aller vier Kräfte im Bereich des Möglichen liege. Wie er in seinem Schlusskapitel bemerkt, würde man wissen, „**was sich Gott gedacht hat**", wenn man eine korrekte „Theorie von allem" aufstellen könnte.

Einsteins Suche

Albert Einstein hat die zweite Hälfte seines Lebens mit der Jagd nach einer solchen „Theorie von allem" verbracht – vergeblich, wie sich gezeigt hat. Einsteins Suche scheiterte an zwei Fronten. Zum einen waren seinerzeit nur zwei der vier Kräfte bekannt: die Schwerkraft, die von seiner Allgemeinen Relativitätstheorie beschrieben wird, und die elektromagnetische Kraft. Zum anderen verschmähte Einstein die Quantenmechanik und war auf der Suche nach einer **rein klassischen Theorie** – was, wie wir inzwischen wissen, ein Fehler war. Als Einstein starb, lag neben dem Totenbett eine Berechnung zu einer unvollendeten vereinheitlichten Feldtheorie.

Unvollständigkeit

Trotz seiner Begeisterung für eine vereinheitlichte Physik war Hawking so weise, nicht in die gleiche Falle zu tappen, sondern sich eine gesunde Mischung von Forschungsinteressen zu bewahren. Später entfernte er sich tatsächlich vom Idealbild der vereinheitlichten Physik. Der Grund dafür war ein abstrakter mathematischer Satz, den der österreichische Mathematiker Kurt Gödel 1931 bewies: der **Gödel'sche Unvollständigkeitssatz**. Nach diesem Satz gibt es in der Mathematik Tatsachen, die nicht mathematisch bewiesen werden können, was zeigt, dass die Mathematik ein **unvollständiges Studienobjekt** ist. Einige Physiker und auch Hawking sind zu der Erkenntnis gelangt, dass das auch für das Universum gilt. Mit anderen Worten: Allein mit den physikalischen Gesetzen kann man keine „Theorie von allem" entwickeln.

Kurzfassung

In ihrer Suche nach einer „Theorie von allem" rieben sich Einstein und viele Physiker nach ihm auf. Vielleicht war es klug, dass Hawking den Versuch aufgab, absolut allwissend zu werden.

Siehe auch

QUANTEN-INTERMEZZO (S. 78)

» Einige werden sehr enttäuscht sein, wenn es keine ultimative Theorie gibt, die in Form von endlich vielen Prinzipien formuliert werden kann. Mir ging es auch so, aber inzwischen habe ich meine Einstellung geändert. «

SOME STRANGENESS
IN THE PROPORTION
e=mc2

Die Natur der Zeit

Was ist Zeit ?

Vor dem 20. Jahrhundert wurden in der Physik Raum und Zeit als zwei völlig getrennte Größen angesehen. Das änderte sich mit Einsteins Spezieller Relativitätstheorie, nach der die Zeit die **vierte Dimension** darstellt – aber mit einem großen Unterschied: Sie geht grundsätzlich anders in die Gleichungen ein als die drei klassischen Raumdimensionen. Der griechische Mathematiker Pythagoras hat uns erklärt, dass das Quadrat des Abstands zweier Punkte im Raum gleich der Summe der Quadrate des Abstands in jeder Dimension ist; bei zwei Dimensionen gilt nach dem **Satz des Pythagoras**, den wir alle in der Schule gelernt haben, $a^2 + b^2 = c^2$. In der Speziellen Relativitätstheorie gilt für den Raumzeit-Abstand zweier Punkte ein ähnliches Gesetz, es müssen aber vom Produkt der Quadrate des zeitlichen Abstands und der Lichtgeschwindigkeit die Quadrate der räumlichen Abstände abgezogen werden. Die **Relativitätstheorie** sagt noch mehr Überraschendes über die Zeit, etwa, dass sie bei hohen Geschwindigkeiten gedehnt wird und am Rand eines Schwarzen Lochs sogar stillsteht.

Kurzfassung

„Time flies like an Arrow – fruit flies like a banana“: Hawkings Grübeln über die Natur der Zeit hat sich als fast so bizarr erwiesen, wie diese Erkenntnis von Groucho Marx über den Zeitpfeil, die Fruchtfliege und die Banane.

Drei Arten von Zeit

Hawking ging von drei grundsätzlich verschiedenen Arten von Zeit aus. Die erste ist die **psychische (gefühlte) Zeit**. Sie verstreicht schneller, wenn wir Spaß haben, zieht sich aber lange hin, wenn es uns nicht gut geht. Die **thermodynamische Zeit** wird vom Zweiten Hauptsatz der Thermodynamik definiert, der besagt, dass die Entropie im Verlauf der Zeit immer zunimmt. Wenn man diese Aussage auf den Kopf stellt, heißt das, dass die Zeit in der Richtung zunimmt, in der auch die Entropie der Raumzeit zunimmt. Schließlich gibt es noch die **kosmologische Zeit**. Sie ist die Raumzeit-Richtung, in der sich das Universum ausdehnt.

Siehe auch

SPEZIELLE RELATIVITÄTSTHEORIE (S. 66)

CHRONOLOGIESCHUTZVERMUTUNG (S. 98)

Uhren, die rückwärts laufen?

Hawking erkannte, dass aus der thermodynamischen und der kosmologischen Zeit eine interessante Frage folgt. Ein **geschlossenes Universum**, also ein Universum mit positiver Krümmung, dehnt sich bis zu einem Maximum aus, um sich dann wieder zusammenzuziehen. In einem solchen Universum würde die kosmologische Zeit irgendwann rückwärts laufen. Hawking gelangte zu der Überzeugung, dass sich dann auch die thermodynamische Zeit umkehren und die **Entropie folglich abnehmen würde**: Wir würden im wörtlichen Sinn unser Leben „rückwärts leben“. Hawking war sich dessen so sicher, dass er einen seiner Doktoranden – **Raymond Laflamme** – darauf ansetzte, das zu beweisen. Laflamme fand aber heraus, dass das Gegenteil stimmt. Dickköpfig wie Hawking war, dauerte es einige Zeit, bis er sich von den Ergebnissen Laflammes umstimmen ließ.

» Vielen Menschen gefällt die Vorstellung nicht, dass die Zeit einen Anfang hat, wahrscheinlich weil sie allzu sehr nach göttlichem Eingriff riecht. «

16:52
19:22
12:39
23:40
00.00.00
0:00.00.00

Chronologieschutz-Vermutung

Tourismus durch Raum und Zeit

Hawking grübelte darüber nach, was es mit all den **Paradoxa** bei Zeitreisen auf sich hat; schließlich sind Zeitreisen physikalisch nicht verboten. Was ist zum Beispiel, wenn Sie eine Zeitreise in die Vergangenheit machen und Ihre Großmutter mütterlicherseits ermorden, bevor sie Ihre Mutter zur Welt bringt? Sie würden nicht existieren und könnten daher auch nicht Ihre Großmutter umbringen, sie würde also überleben, was wiederum heißt, dass es Sie doch gibt ... Und was passiert, wenn ein **Zeitreisender** alle Werke **Shakespeares** mit in die Vergangenheit nimmt und sie dem jungen Dichter überlässt – wer hätte dann die Idee zu all den Dramen Shakespeares und seinen Sonetten gehabt?

Kurzfassung
Hawkings argumentiert dass Zeitreisen nicht möglich sind.

Zeitkrümmung

Um seinen Einwänden einen theoretischen Rahmen zu geben, stellte Hawking eine neue physikalische These auf, die **Zeitreisen verbietet**. Sie wird „Chronologieschutz-Vermutung" genannt und beruht nur auf Hawkings Intuition, wird also nicht durch mathematische Beweise gestützt. Es gibt in der Tat in den Gleichungen der Relativitätstheorie und der Quantentheorie nach derzeitigem Stand nichts, was Zeitreisen ausschließt. Mit den theoretischen Vorgaben der Relativitätstheorie wurden viele hypothetische Zeitmaschinen konstruiert. Sie tauchen in der Theorie als **geschlossene zeitartige Kurven** (*closed timelike curves* oder CTCs) durch die Raumzeit auf. Sie heißen „zeitartig", weil sie den Reisenden nicht nur durch den Raum, sondern auch durch die Zeit führen. „Geschlossen" sind sie, weil sie den Reisenden in die Vergangenheit führen, aber wieder in der Gegenwart enden. Hawking glaubte, dass die Existenz solcher CTCs in der Relativitätstheorie ein weiteres Mal demonstriert, dass diese Theorie unvollständig ist, während der Chronologieschutz ganz natürlich aus einer vollständigen **Quantenbehandlung der Gravitation** folgen würde.

Siehe auch
QUANTEN-INTERMEZZO
(S. 78)
DIE NATUR DER ZEIT
(S. 96)
ZEITREISEN
(S. 146)

Killing Fields

Hawking hatte noch nicht die Mathematik zur Hand, um den Chronologieschutz beweisen zu können, aber er hatte **physikalisch begründete Argumente**. Der Raum ist mit virtuellen Teilchen gefüllt, die nach den Zufallsgesetzen der Quantentheorie entstehen und vergehen. Hawking fragte sich, was mit den virtuellen Teilchen in Gegenwart einer **Zeitmaschine** passieren würde. Er schloss, dass sie immer wieder die Zeitmaschine durchlaufen und dabei von Durchlauf zu Durchlauf an Größe und Stärke zunehmen müssten. Das würde nach Hawkings Ansicht sehr schnell eine **Energiekonzentration** bewirken, so gewaltig, dass sie die Zeitmaschine und alles, was mit ihr reist, zerstören würde.

»Wären Zeitreisen möglich, würden uns Touristen aus der Zukunft überschwemmen.«

Fig. 3.
Fig. 1.
Fig. 2.
A
B
C
Zeitmaschine

Extraterrestrisches Leben

Leben im All

Hawking glaubte, dass es im Universum häufig Leben gibt. In einem Vortrag, den er 2008 an der **George Washington University** in Washington, D.C., aus Anlass des 50. Jubiläums der **NASA** hielt, schloss er: Da das Leben auf der Erde so rasch entstand, hat sich wahrscheinlich auch auf zahlreichen Planeten, die andere Sterne der Milchstraße umlaufen, Leben entwickelt. Man schätzt, dass die Milchstraße aus 250 Milliarden Sternen besteht – und es gibt noch an die 2 Billionen Galaxien in den Weiten des Weltraums. Dort draußen könnte also eine Unmenge von **Aliens** auf ihre Entdeckung warten. In 2015 präsentierte Hawking zusammen mit dem Astrophysiker Martin Rees und dem russischen Investor Yuri Milner das Projekt „Breakthrough Listen". Mithilfe von Teleskopen wird nach Leben gesucht, auf die am nähesten gelegenen 1.000.000 Sterne.

Ursuppe

Hawking zufolge sind die meisten dieser extraterrestrischen Lebensformen vermutlich äußerst **primitiv**. Die Menschen sind unter vielen Millionen Arten die einzige Form vernunftbegabten Lebens auf der Erde, die fähig ist, Technik zu entwickeln und anzuwenden. In der Tat besteht die Biomasse der Erde zur Hälfte aus **primitiven Bakterien**. Hawking meinte, dass auch im Kosmos intelligentes Leben eine Rarität darstellte, vielleicht weil Intelligenz keine großen Vorteile im Überlebenskampf bietet und ihr Auftauchen eher eine ungewöhnliche Wende im Zuge der **irdischen Evolution** war. Eine andere, zugegebenermaßen trostlose Möglichkeit ist, dass nur wenige der Arten, die intelligent genug sind, um **fortgeschrittene Technologien** zu entwickeln, deren Folgen überleben, nämlich Umweltverschmutzung und Massenvernichtungswaffen.

Friedliche Aliens?

Wir sollten nicht davon ausgehen, dass wir die einzigen intelligenten Wesen im Universum sind. Hawking rat aber zu **äußerster Vorsicht** bei den Versuchen, Signale an Zivilisationen irgendwo im All zu senden. Es gebe schließlich keinerlei Garantie, dass die Außerirdischen friedliebend sind. Wenn Hawking Recht hatte, könnte jede Botschaft, die wir ins All senden, wie der Schrei eines Babys im Dschungel **feindselige, hungrige Wesen** anlocken. Aliens, die fähig wären, quer durch den Raum zu reisen und die Erde zu erreichen, wären natürlich weiter entwickelt als wir; sie könnten uns überwältigen und versklaven. Hawking zog eine historische Parallele zu den Ureinwohnern Amerikas, denen es wirklich schlecht erging, nachdem Christoph Columbus 1492 den amerikanischen Kontinent entdeckt hatte.

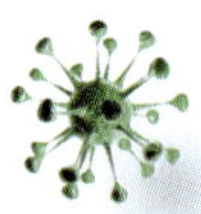

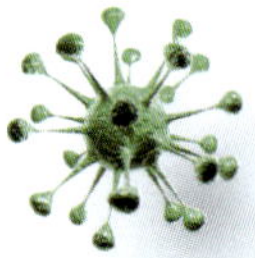

Kurzfassung

Hawking ist sich sicher, dass Außerirdische existieren – in der Regel in Form harmlosen Bakterienschleims, aber einige könnten Strahlenkanonen und böse Absichten haben.

Siehe auch

RAUMZEIT-PHYSIK (S. 140)

» Primitives Leben ist sehr häufig, während intelligentes Leben ziemlich selten ist. Manche sagen, es müsse sich auf der Erde erst noch entwickeln. «

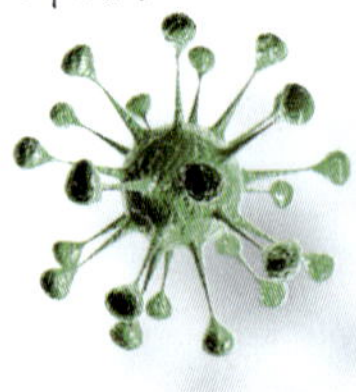

Wissenschaftliche Wetten

Kurzfassung
Der größte Physiker unserer Zeit wettete gern, aber er scheint oft verloren zu haben. Wie stehen seine Chancen?

Neil Turok

Hawking war bekannt dafür, sehr gern mit Freunden und Kollegen **wissenschaftliche Wetten** abzuschließen. 2002 wettete er in Cambridge mit seinem Kollegen Neil Turok um 200 Pfund, dass die Kosmologen in nicht zu ferner Zeit Gravitationswellen entdecken werden (rhythmische, sich ausbreitende Verzerrungen der Raumzeit), mit denen die **Inflationstheorie** bestätigt würde. Die Vertreter der Inflationstheorie glauben, dass diese Wellen dem Raum in den ersten Momenten nach dem Urknall aufgeprägt wurden. Turok hat dagegen seine eigene Theorie: ein **ekpyrotisches Universum**, das mit der Inflation nicht vereinbar ist. Die Wette war zum Sterbenstag von Hawking noch nicht entschieden, auch wenn es in 2014 kurz danach aussah. Turok hat allerdings schon eingestanden, auf schlechte Nachrichten vorbereitet zu sein.

John Preskill

1997 schloss Hawking zusammen mit Kip Thorne vom Caltech eine Wette mit John Preskill ab, der ebenfalls am Caltech arbeitete, bei der es um die Auflösung des **Informationsparadoxons der Schwarzen Löcher** ging. Sie argumentierten, dass die Information, die ein Schwarzes Loch mit der Hawking-Strahlung verlässt, nicht aus dem Inneren des Schwarzen Lochs stammen kann, weil ja jede Information, die in das Loch stürzt, zerstört wird. Preskill nahm das Gegenteil an. 2004 widerrief Hawking seine Aussage, weil er einen quantenmechanischen Beweis gefunden hatte, nach dem Schwarze Löcher wirklich Information entkommen lassen. Er gab zu, **verloren** zu haben und schickte Preskill ein Exemplar von *Total Baseball – The Ultimate Baseball Encyclopedia*. Aus dem Buch könne er „Information frei beziehen". Thorne blieb jedoch bei seiner ursprünglichen Annahme und trug nichts zur Siegesprämie für Preskill bei.

Siehe auch
SCHWARZE LÖCHER (S. 70)
INFLATION (S. 86)

„Ich habe viel Arbeit in die Theorie der Schwarzen Löcher investiert. Die ganze Mühe wäre umsonst, wenn sich herausstellen würde, dass es sie gar nicht gibt. Aber dann bliebe mir wenigstens der Trost, eine Wette gewonnen zu haben."

Kip Thorne

Die vielleicht berühmteste Wette schloss Hawking mit Kip Thorne selbst ab. Es ging um die Natur von **Cygnus X-1**, einer Quelle von Röntgenstrahlung im Sternbild Schwan, die 1964 entdeckt worden war. Die Astrophysiker spekulierten, das Objekt sei ein Schwarzes Loch, wobei die Röntgenstrahlung von zusammengepresstem und erhitztem Gas abgegeben werde, das in das Loch stürzt. Hawking wettete mit Thorne, das sei nicht der Fall. Er beschrieb seine Wette als den Versuch, sich für den Fall zu trösten, dass es überhaupt keine Schwarzen Löcher gibt. Hawking ging die Wette 1975 ein, 1988 räumte er seine Niederlage ein und schenkte Thorne als **Siegesprämie** ein *Penthouse*-Abonnement.

Beweise für Hawkings Theorien

Schwarze Löcher im Labor?

Es wird noch einige Zeit dauern, bis wir mit einem **Teilchendetektor** zu einem Schwarzen Loch reisen können, um dort die Hawking-Strahlung zu messen. Aber 2010 berichteten Franco Belgiorno und sein Team von der Universität Mailand von einem ähnlichen Effekt im Laboratorium. Sie schickten den Puls eines starken Laserstrahls auf „**nichtlineare Materie**", das ist Materie, deren Lichtbrechung durch die Lichtintensität verändert wird, womit sich auch die Lichtgeschwindigkeit in dieser Materie verändert. Das Team ließ in einem Experiment einen Lichtstrahl vollkommen zum Stillstand gelangen, was an die Vorgänge am **Ereignishorizont** eines Schwarzen Lochs erinnert. Sie interpretierten einen schwachen Lichtschein auf der „falschen" Seite des Horizonts als Analogon zur **Hawking-Strahlung**.

Das Antlitz Gottes

Die kosmische Mikrowellen-Hintergrundstrahlung ist das schwache **elektromagnetische Echo** vom Feuerball des Urknalls. Obwohl sie schon 1964 entdeckt worden war, mussten die Kosmologen auf ein scharfes Bild warten, bis **Mikrowellen-Teleskope** entwickelt wurden, die weit oberhalb der abschirmenden Trübe der Erdatmosphäre flogen. Die ersten Resultate, die 1992 vorlagen, waren atemberaubend. Die Hintergrundstrahlung hatte nicht nur exakt die vorausgesagte Temperatur, ihr war auch eine Feinstruktur aus kleinen Unregelmäßigkeiten aufgeprägt, in denen man die ersten Anfänge von Galaxien vermutet. Größe und Verteilung dieser Fluktuationen waren voll und ganz im Einklang mit den **Voraussagen der Inflationstheorie**, die neben der Quantenkosmologie zu Hawkings bevorzugten Erklärungen der Geburt des Universums gehörte.

Das Holographische Prinzip

Hawkings Arbeit über die Thermodynamik der Schwarzen Löcher hat zu einem Prinzip der Quantengravitation geführt, das als **Holographisches Prinzip** bekannt ist. Im Allgemeinen kann auf eine Oberfläche weniger Information gepackt werden als in ein Volumen. Das Holographische Prinzip besagt nun, dass alle Information in einem dreidimensionalen Raum auf dessen zweidimensionaler Oberfläche eingeschrieben werden kann. Wenn dieses Theorem stimmt, muss der Raum in einer kleinen Größenskala eine nicht klar bestimmte **grobkörnige Struktur** haben. **Craig Hogan**, ein Physiker am Fermi National Accelerator Laboratory bei Chicago, hat berechnet, dass dadurch in alle Messungen im Größenbereich der Quanten Störungen einfließen. 2009 wurde von **GEO600**, einem bei Hannover aufgebauten Gerät zur Suche nach Gravitationswellen, ein **Beleg** für genau diese kleinskalige „Körnigkeit" von Raum und Zeit geliefert. Das Fermilab konnte das Experiment in 2015 allerdings nicht wiederholen.

Kurzfassung

Wie testet man komplexe und ausgefallene Theorien über Schwarze Löcher und die Natur des Universums als Ganzem? Erstaunlich genug, aber inzwischen gibt es erste Ergebnisse.

Siehe auch

SCHWARZE LÖCHER (S. 70)
QUANTENGRAVITATION (S. 92)

»Wie oft eine Theorie auch experimentell bestätigt werden mag – nie kann man sicher sein, dass sie vom nächsten Experiment nicht widerlegt wird.«

Zeittafel

1970
Hawking kann zusammen mit dem Oxforder Mathematiker Roger Penrose zeigen, dass die Allgemeine Relativitätstheorie bedeutet, dass das Universum mit einer Singularität angefangen haben muss. Es bedeutete den Anfang der Zeit.

1971
Hawking beweist, dass die Fläche des Ereignishorizontes eines Schwarzen Lochs im Verlauf der Zeit immer zunehmen muss.

1971
Hawking und Brandon Carter beweisen das „Keine-Haare-Theorem", dem zufolge Schwarze Löcher durch Masse, elektrische Ladung und Spin vollständig zu beschreiben sind. Ironischerweise gehören diese geheimnisvollen Monster damit zu den einfachsten Objekten im Universum.

1973
Hawking und George Ellis veröffentlichen das Buch The Large Scale Structure of Space-Time, das für Laien als unverständlich gilt, aber auch für manchen Wissenschaftler.

1973
Hawking stellt mit einigen Kollegen vier Gesetze auf, die das Verhalten der Schwarzen Löcher bestimmen – analog zu den vier Hauptsätzen der Thermodynamik.

1974
Hawking zeigt mithilfe der Quantentheorie, dass Schwarze Löcher Strahlung aussenden. Dadurch können die Schwarzen Löcher vollständig „verdampfen". Das steht im krassen Gegensatz zu dem Verhalten, das die Allgemeine Relativitätstheorie beschreibt.

1975
Hawking wettet mit Kip Thorne vom Caltech, dass Cygnus X-1 kein Schwarzes Loch ist. 1988 verliert er diese Wette.

1977
Hawking und Gary Gibbons entwickeln den Euklidischen Ansatz der Quantengravitation, bei dem zur starken Vereinfachung der Mathematik die Zeit in eine Raumdimension verwandelt wird.

1983
Hawking und James Hartle stellen ihr „No-Boundary-Proposal“ vor, die Idee, dass das Universum keinen Rand hat. Am Anbeginn der Zeit entstand das Universum spontan aus dem Nichts.

1993
Aus Forschungen von Hawking und John Stewart folgt, dass beim Verdampfen Schwarzer Löcher blitzartige Singularitäten entstehen können, die durch das All toben.

1997
Hawking wettet mit John Preskill vom Caltech, dass Informationen, die in ein Schwarzes Loch fallen, zerstört werden.

2002
Hawking wettet mit Neil Turok, dass eines Tages Gravitationswellen entdeckt werden und damit die Inflationstheorie bewiesen wird. Turoks „ekpyrotische“ Theorie hielt Hawking für falsch.

2004
Hawking gibt zu, die Wette gegen Preskill verloren zu haben. Er hat selbst herausgefunden, dass Informationen, die in ein Schwarzes Loch fallen, mit der Hawking-Strahlung wieder entweichen können.

2006
Hawking und Thomas Hertog stellen ihre Top-down-Kosmologie vor, nach der man vom derzeitigen Zustand des Universums ausgehen sollte, um die Vergangenheit zu untersuchen und nicht umgekehrt.

2010
Hawking kritisiert in der Öffentlichkeit die Idee, mit Radiosignalen Kontakte mit Aliens herzustellen. Er warnt vor der Möglichkeit, dass dies feindselige Reaktionen auslösen könnte.

2010
Franco Belgiorno und sein Team an der Universität Mailand berichten von der Beobachtung eines Phänomens, das der Hawking-Strahlung ähnelt, aber nicht von Schwarzen Löchern, sondern von Laserlicht im Labor erzeugt wird.

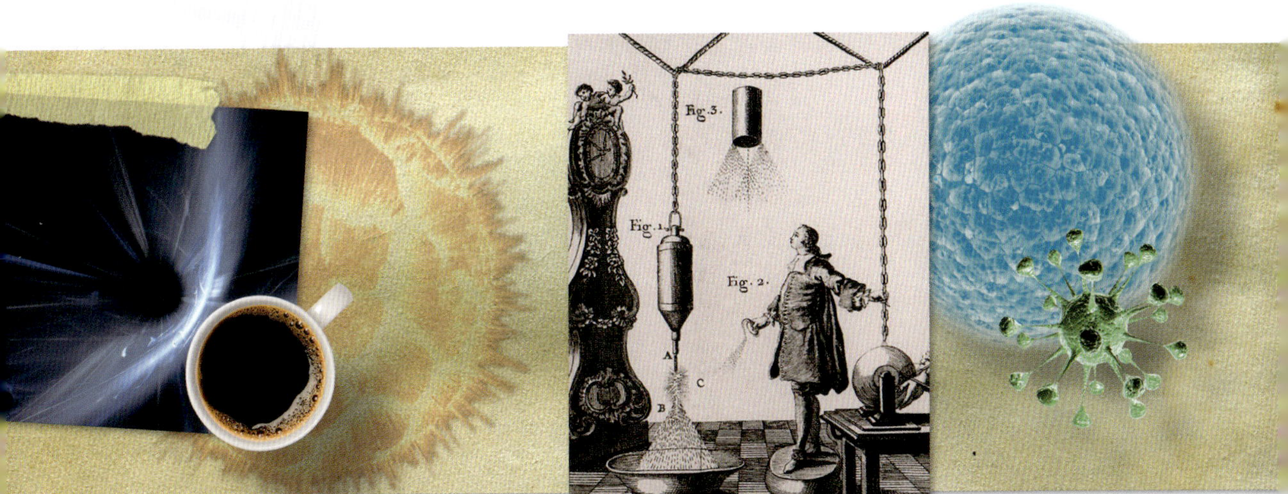

Glossar

Antropisch principe Einsteins Theorie der Gravitation (Schwer-kraft), die eine Krümmung der ebenen Raumzeit der Speziellen Relativitätstheorie erfordert.

Anthropisches Prinzip Besagt, dass jede wissenschaftliche Theorie des Universums die Entstehung von Leben ermöglichen muss.

Chronologieschutz-Vermutung Spekulation Hawkings, die besagt, dass Zeitreisen in die Vergangenheit unmöglich sind.

Entropie Grad der Unordnung (oder der Zufälligkeit) in einem physikalischen System.

Ereignishorizont Äußere Grenze eines Schwarzen Lochs. Wer (oder was) sie überschreitet, kann nie zurückkehren.

Geschlossene zeitartige Kurve Weg durch die Raumzeit, der den Reisenden in Raum und Zeit zurück an den Start bringt.

Gravitationswellen Rhythmische Verzerrungen des Raumzeit-Gefüges, die sich im Raum ausbreiten wie Wellen im Wasser; Ergebnis eines gewaltigen Gravitationsereignisses, etwa der Kollision zweier Schwarzer Löcher.

Hawking-Strahlung Ständiger Partikel- oder Strahlungsfluss aus einem Schwarzen Loch, der von Quanten-effekten knapp außerhalb des Ereignishorizonts verursacht wird.

Hintergrundstrahlung Die kosmische Mikrowellen-Hintergrundstrahlung ist das elektromagnetische Echo des Urknalls; die Wellenlängen wurden durch die Expansion des Raums bis in den Zentimeterbereich gestreckt.

Holographisches Prinzip Idee in der Quantengravitationstheorie; besagt, dass die Information in einem dreidimensionalen Raum auf dessen zweidimensionaler Oberfläche abgebildet werden kann.

Inflation Kurze Periode in der frühesten Zeit unseres Universums, in der sich der Raum exponentiell ausdehnte.

Informationsparadoxon der Schwarzen Löcher Man ist sich nicht einig, ob Information zerstört wird, wenn sie in ein Schwarzes Loch stürzt. Die Allgemeine Relativitätstheorie sagt ja, die Quantentheorie sagt nein.

M-Theorie Mathematisches Modell, das verschiedene Varianten der String-Theorie vereinigt und als verschiedene Facetten einer einzigen ihnen zugrunde liegenden Theorie erklärt.

No-Boundary-Proposal Annahme, dass das Universum keinen „Anfangszustand" (Randbedingung, *boundary*) hatte, sondern spontan aus dem Nichts entstanden ist.

Quantengravitation
Quantenbeschreibung der Gravitation als Resultat des Versuchs, die Quantentheorie mit der Allgemeinen Relativitätstheorie zu vereinen.

Quantentheorie Physik der Elementarteilchen; das Verhalten der Elementarteilchen wird durch Wahrscheinlichkeiten beschrieben.

Schrödingers Katze
Gedankenexperiment, das die „Verrücktheit" der Quantentheorie zeigt, der zufolge der Quantenzustand eines Elementarteilchens bestimmt, ob eine Katze lebendig oder tot ist. Da das Teilchen zur gleichen Zeit in verschiedenen Zuständen existieren kann, kann auch die Katze zur gleichen Zeit lebendig und tot sein.

Schwarzes Loch Objekt, dessen Schwerkraft so groß ist, dass nicht einmal Licht aus ihm entkommen kann.

Singularität Punkt mit unendlicher Dichte, der nach der Allgemeinen Relativitätstheorie entsteht, wenn ein Objekt unter seiner eigenen Schwerkraft kollabiert.

Spezielle Relativitätstheorie
Einsteins Theorie der relativen Bewegung, die nahe der Lichtgeschwindigkeit zu merkwürdigen Effekten führt.

String-Theorie Theorie der Teilchenphysik, nach der die Elementarteilchen aus winzigen fadenförmigen Energie-Strings zusammengesetzt sind.

Theorie von allem, Weltformel
Physikalische Hypothese, mit der alle vier Naturkräfte (elektromagnetische Kraft, Schwer-kraft, schwache und starke Kernkraft) vereinheitlicht werden.

Thermodynamik Zweig der Physik, der sich mit der Wärme und ihrer Übertragung befasst.

Top-down-Kosmologie Erweiterung des No-Boundary-Proposals vom Urknall auf das heutige Universum.

Urknall Die Urknall-Theorie des Universums besagt, dass Raum und Zeit vor 13,82 Milliarden Jahren aus einem hocherhitzten Zustand hervorgegangen sind.

Teil 3

Einfluss

Kosmologische Visionen

Kolonien im All?

Hawking äußerte vehement Ängste vor der Zukunft der Menschheit, sollten die Mittel für die **bemannte Raumfahrt** weiterhin so stark beschnitten werden. Er glaubte, dass auf die Menschheit wegen ihres zahlenmäßigen Wachstums und der Erschöpfung der irdischen Ressourcen existenzielle Gefahren zukommen würden. Obwohl sich Hawking selbst als Optimist sah, glaubte er, dass die Wahrscheinlichkeit von Beinahe-Katastrophen wie der **Kuba-Krise von 1962** mit dem Anwachsen von sozialem und politischem Druck zunehmen wird und dass wir überlegen sollten, wie das Überleben der Menschheit gesichert werden kann. Laut Hawking ist der einzige zukunftsträchtige Weg, den Blick in die Milchstraße zu richten und in dem kommenden Jahrhundert das **All zu besiedeln**.

Kurzfassung
Hawking forderte mit Nachdruck die Fortführung der bemannten Raumfahrt und drohte, England zu verlassen, wenn der Forschungsetat gekürzt würde.

Ein neuer Einstein aus Afrika?

Als einer der weltweit aktivsten Botschafter für die Naturwissenschaft reiste Hawking immer noch ständig in der Welt herum und kämpfte für die bessere Ausbildung von Wissenschaftlern. 2008 besuchte er das **African Institute for Mathematical Sciences (AIMS)** in Kapstadt und sagte dort, die wissenschaftliche Welt brauche die „glänzenden Talente Afrikas", und er sei begeistert, die „möglichen neuen Einsteins" zu treffen. Das AIMS wurde von dem Südafrikaner **Neil Turok** gegründet, der von 1997bis 2008 Professor für Mathematische Physik in Cambridge war und nun Direktor des Perimeter Institute for Theoretical Physics in Ontario, Kanada, ist. Das AIMS hat die „Next Einstein Initiative" gestartet, die anregt, im kommenden Jahrzehnt in Afrika 15 **Exzellenz-Zentren für Mathematik** zu gründen.

Siehe auch
EXTRATERRESTRISCHES LEBEN (S. 100)
WAS WIRD AUS DER INFORMATION? (S. 136)

Gekürzte Forschungsgelder in England?

Hawking hat sich lange für die bessere Finanzierung der Naturwissenschaften in Großbritannien eingesetzt und 2008 in aller Deutlichkeit gegen die **Kürzung der staatlichen Forschungsmittel** um 80 Millionen Pfund protestiert. Ein Jahr später, als angekündigt wurde, die Mittel für die höhere Schulbildung um eine Milliarde Pfund zu kürzen, griff er zu einem dramatischen Mittel: Er drohte an, England **aus Protest** zu verlassen. Im Sommer war eine Reise zum Perimeter Institute geplant, und Hawkings Vertraute spekulierten, ob er nicht für immer in Kanada bleiben würde. Dass Hawking darüber nachdachte, die Familie, die Kollegen und Cambridge zu verlassen, wirft ein Licht darauf, mit welcher Leidenschaft er daran glaubte, dass die **theoretischen Disziplinen gefördert werden müssen**. Hawking, Darwin, Newton – Cambridge hat immer die großen Theoretiker unterstützt. Wenn Hawking gegangen wäre, würde das die Regierung, ja das ganze Land in große Verlegenheit gebracht haben.

»Nur die Raumfahrt kann die Menschheit retten.«

Ehemalige Schüler

Fay Dowker

In seinen Cambridge-Jahren betreute Hawking einige Schüler, die selbst bedeutende Wissenschaftler wurden. Zu ihnen gehört Fay Dowker, die 1990 bei Hawking ihre Doktorarbeit über **Wurmlöcher der Raumzeit** abschloss. Nach ihrem Weggang von Cambridge bekam sie eine Postdoc-Stelle am **Fermi National Accelerator Laboratory** bei Chicago und arbeitete als Dozentin am Queen Mary College der University of London. Jetzt ist sie Professorin für Theoretische Physik am Imperial College in London und eine der geachtetsten Physikerinnen Großbritanniens. Zu Dowkers Forschungsinteressen gehören die **Quantenmechanik** und die **Quantengravitation**. Sie verfolgt die Hypothese, dass die Raumzeit auf der untersten Ebene nicht „glatt", sondern körnig (in Form unteilbarer Portionen) strukturiert ist.

Kurzfassung
Wie sein eigener Doktorvater Dennis Sciama betreute auch Hawking zahlreiche Doktoranden. Viele von ihnen wurden große theoretische Physiker.

Gary Gibbons

Gary Gibbons wurde 1946 in Surrey geboren und begann 1969 in Cambridge seine Doktorarbeit. Er arbeitete zunächst für **Dennis Sciama**, der seinerseits die Doktorarbeit von Hawking betreute. Als Sciama dann nach Oxford ging, übernahm Hawking Gibbons' Betreuung. Gibbons und Hawking lieferten bahnbrechende Beiträge zum Verständnis der Allgemeinen Relativitätstheorie, der Quantengravitation und der Schwarzen Löcher. Insbesondere entwickelten sie den Euklidischen Ansatz der Quantengravitation, der zu neuen Erkenntnissen über die Thermodynamik der Schwarzen Löcher führte. Gibbons blieb fast während seiner gesamten Karriere in Cambridge und ist heute Professor am **Department of Applied Mathematics and Thermodynamics** (DAMTP) und ein Kollege Hawkings. 1999 wurde er als Fellow in die renommierte **Royal Society** (FRS) aufgenommen.

Siehe auch
QUANTENGRAVITATION (S. 92)
DIE NATUR DER ZEIT (S. 96)
QUANTENINFORMATIONS-THEORIE (S. 144)

Raymond Laflamme

Raymond Laflamme wurde in Quebec geboren und kam zum Studium nach Cambridge. Er betrieb zusammen mit Hawking **kosmologische Forschung** und pro-movierte 1988. Berühmt wurde er, weil er Hawkings Auffassung von der Natur der Zeit widersprach und ihn überzeugte, dass die Zeit in einem Universum, das sich wieder zusammenzieht, nicht rückwärts läuft. Nach Cambridge nahm Laflamme Postdoc-Stellen an der **University of British Columbia** und am **Los Alamos National Laboratory** an, wo seine Forschungsergebnisse von der angesehenen Zeitschrift Science zu den zehn bahnbrechenden Arbeiten des Jahres 1998 gezählt wurden. 2001 ging er ans Perimeter Institute in Ontario in Canada. Wie Fay Dowker interessiert sich Laflamme für Quanteninformationstheorie und war entscheidend an der Entwicklung von Codes zur Quantenfehlerkorrektur beteiligt. Von 2002 bis 2017 war er Direktor des **Institute of Quantum Computing** an der University of Waterloo in Kanada.

»Mit Sprache können wir Ideen austauschen; so können wir zusammenarbeiten und das Unmögliche schaffen.«

Fay Dowker

Raymond Laflamme

Hawking mit Freunden, Gary Gibbons unten rechts

Kollegen

Roger Penrose

Roger Penrose (geb. 1931) war bis zu seiner Emeritierung Professor an der Oxford University. Er wurde mit Ehrungen überhäuft, die seinen Beiträgen zur mathematischen Physik galten, und arbeitete sehr intensiv mit Hawking zusammen. 1975 erhielten beide die **Eddington-Medaille der Royal Astronomical Society** und 1988 den **Wolf-Preis** für Arbeiten zum besseren Verständnis des Universums. Penrose ist als Vater der **Twistoren-Theorie** bekannt, einem ganz neuen Ansatz der Quantengravitation, sowie der „Penrose-Parkettierung", die auf seiner 1974 gemachten Entdeckung beruht, dass man einen Boden mit nur zwei verschiedenen Kachelsorten belegen kann, ohne dass sich das Muster je exakt wiederholt. Dieses Verfahren wird von den Mathematikern als „aperiodisches Parkettieren" bezeichnet und wurde zum ersten Mal (aber ohne Erfolg) im 16. Jahrhundert von dem polnischen Astronomen und Mathematiker **Johannes Kepler** untersucht.

Kurzfassung

Hawkings Zeitgenossen bemühen sich weiterhin, unser Verständnis für die Kosmologie zu vertiefen; einige beteiligen sich daran, die Naturwissenschaften durch Filme zu popularisieren.

Kip Thorne

Hawking kehrte viele Male ans Caltech in Los Angeles zurück und arbeitete an der Seite von Kip Thorne, der mehr als 30 Jahre an diesem Institut forschte und eine neue Generation amerikanischer Kosmologen ausbildete. Thorne trat 2009 als **Feynman Professor of Theoretical Physics** zurück, wurde emeritiert und konnte dann seinem Interesse am Schreiben, Forschen und Filmen nachgehen. In dem Erfolgsfilm ***Interstellar*** aus dem Jahr 2014 fungierte er als wissenschaftlicher Berater und Produzent. Auf der Suche nach einer neuen Heimat für die Menschheit reisen darin Astronauten in einer dystopischen Zukunft durch ein Wurmloch. Der Film war ein Kassenschlager und erhielt einen Oscar für die besten visuellen Effekte. Thorne schrieb auch das Begleitbuch ***The Science of Interstellar***.

Siehe auch
DER NÄCHSTE HAWKING? (S. 130)

Jacob Bekenstein

Der israelische Physiker Jacob Bekenstein war bis zu seinem Tot in 2015 **Polak Professor of Theoretical Physics** an der Hebräischen Universität Jerusalem. Neben Hawking, James Bardeen und Brandon Carter gehörte Bekenstein zu den ersten Wissenschaftlern, die annahmen, dass Schwarze Löcher eine wohldefinierte Entropie haben. Er formulierte das verallgemeinerte zweite quantenmechanische Gesetz der Schwarzen Löcher. Hawking wandte sich zunächst gegen Bekensteins Ideen, war aber dann doch von ihnen überzeugt, als er zwei Jahre später die Existenz der Hawking-Strahlung verkündete. Bekenstein stellte in 2004 eine zur Allgemeinen Relativitätstheorie alternative Gravitationstheorie mit einer **Tensor-Vektor-Skalar-Gravitation (TeVeS)** vor, die drei verschiedene Felder in die Raumzeit einführt, die das eine Gravitationsfeld ersetzen.

»Plötzlich ging mir auf, dass die Methoden, die Penrose und ich zum Beweis von Singularitäten entwickelt haben, auch auf Schwarze Löcher angewandt werden können.«

Roger Penrose

Kip Thorne

Jacob Bekenstein

Öffentliche Aktivitäten

Der britische Gesundheitsdienst NHS

Hawking war ein Befürworter des britischen NHS und der Obamacare in Amerika. Vor der Royal Society of Medicine in London kritisierte er 2017 die Versuche der Regierung, das **National Health System** zu einem „versicherungsbasierten System nach amerikanischem Vorbild" umzuwandeln. Hawking war überzeugt, dass ein höherer privater Anteil an der Vorsorge den Patienten dem Profit unterstellen würde. Er selbst hatte viele Erfahrungen mit dem NHS und sagte, dass die Behandlung, die er erfahren hätte, ihm sein selbstbestimmtes Leben und damit die Weiterentwicklung unseres Verständnisses vom Universum ermöglicht hätten. Kurz vor seinem Tod erhielten Hawking und einige Mitstreiter die Erlaubnis, Teile der britischen Gesundheitspolitik vor Gericht anzufechten.

Kurzfassung
Hawking hat sich vehement gegen den Einmarsch im Irak 2003 gewandt; er hat sich immer gegen Kernwaffen ausgesprochen und setzte sich für den Frieden ein.

Der Irakkrieg: ein „Verbrechen"

Hawking verurteilte mit aller Deutlichkeit die von den Amerikanern angeführte **Irak-Invasion** im Jahre 2003 und nannte sie ein „Kriegsverbrechen". Auf einer Anti-Kriegs-Demonstration auf dem Londoner Trafalgar Square, die zur gleichen Zeit wie die Wahlen in den USA stattfand, saß Hawking mit Schriftstellern, Politikern, Schauspielern und Sportlern auf der Bühne und verkündete der Menge, der Einmarsch **beruhe auf Lügen**. Die erste dieser „Lügen" sah er in der Annahme, „wir" würden von irakischen Massenvernichtungswaffen bedroht, die zweite darin, dass der Irak irgendwie für den **11. September** verantwortlich sei. Hawking verlas einige Namen von Irakern, die bei dem Konflikt zu Tode gekommen waren und sprach über die Tragödie und das Leiden der Zivilisten. Hawking verurteilte auch den Konflikt in Syrien. In 2014 fragte er sich wie Aliens uns sehen würden.

Siehe auch
RECHTE FÜR BEHINDERTE (S. 120)

Give Peace a Chance

Schon seit seiner Kindheit, als er mit seiner Mutter, einer aktiven Unterstützerin der Campaign for Nuclear Disarmament (CND), an Demonstrationen teilnahm, war Hawking Kernwaffengegner. 2007 schloss er sich einer machtvollen Gruppe von Wissenschaftlern, Parlamentariern und Kirchenführern an, die von der damaligen Labour-Regierung forderte, nicht nach einem Ersatz für das britische **Trident-System aus Kernwaffen und U-Booten** zu suchen. Hawking und seine Kollegen zweifelten am Sinn dieser Regierungspläne, die innerhalb von 30 Jahren 65 Milliarden Pfund verschlingen würden. Der Ersatz des Trident-Systems würde die Abrüstung erschweren und wäre „eine Vergeudung von Mitteln, weil es keine Situation geben wird, in der wir die Waffen unabhängig einsetzen würden." Die Debatte um den Ersatz des Trident-Systems hält an.

»Kernwaffen bleiben die größte Gefahr für das Überleben der Menschen.«

Mirror
NO WAR
MAB
DON'T ATTACK IRAQ
NOT IN MY NAME
DON'T ATTACK IRAQ
DON'T ATTACK IRAQ
NO

Rechte für Behinderte

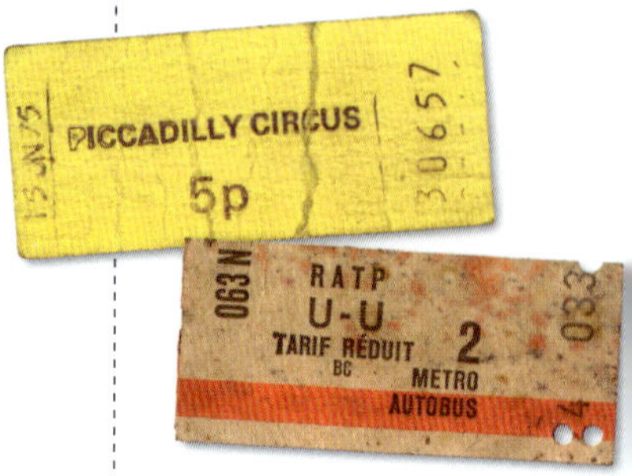

Charta für das dritte Jahrtausend

Obwohl Hawking an einer so schweren Krankheit litt, war er in seinem Leben unglaublich erfolgreich und schenkte damit Menschen auf der ganzen Welt Hoffnung. 1999 schloss er sich mit einigen Prominenten, darunter **Erzbischof Desmond Tutu**, zusammen, um weltweit dazu aufzurufen, Behinderungen vorzubeugen und die Rechte Behinderter zu stärken. Delegierte aus den USA, Russland, Saudi-Arabien, China und anderen Ländern unterzeichneten dazu eine **Charta für das dritte Jahrtausend**. Sie wurde von der World Assembly of Rehabilitation in London angenommen; ihr Ziel bestand vor allem darin, die Regierungen zur Bekundung des politischen Willens zu veranlassen, den Krankheiten und Umständen vorzubeugen, die häufig zu Behinderungen führen. Schätzungsweise 10 Prozent der Weltbevölkerung sind behindert, 80 Prozent davon leben in Entwicklungsländern.

Indien

2001 besuchte Hawking in Indien eine Reihe von Universitäten und traf sich mit Präsident **Kocheri Raman Narayanam**. Vor seiner Ankunft wiesen Aktivisten für die Rechte Behinderter darauf hin, dass viele Orte, die Hawking besuchen wollte, für jemanden mit seinem Grad an Behinderung nicht zugänglich waren. Die **Archaeological Society of India (ASI)** hielt das für unproblematisch und beschloss, man werde Hawking einfach herumtragen. In letzter Minute schien die ASI aber doch zu begreifen, wie seltsam das aussehen würde, und gab die Anweisung, Rampen zu bauen; dazu beauftragte sie das **Institute for the Physically Handicapped**. Hawkings Besuch wurde von vielen als der Wendepunkt im Kampf für ein behindertenfreundlicheres Indien gepriesen.

Hartnäckiger Kampf

Hawking wirkte bei einer preisgekrönten Fernsehkampagne für eine behindertengerechte Welt mit, die 2006 in Israel lief. Die Botschaft war klar (siehe das Zitat rechts). Die Menschen haben es geschafft, zum Mond zu reisen und werden vielleicht auf dem Mars landen, aber Behinderte treffen immer noch auf **Barrieren**, die sie einschränken und daran hindern, das Alltagsleben auf der Erde zu genießen. 2009 zog die britische Regierung die Zusage für eine Förderung in Höhe von 5 Millionen Pfund für ein Bauprojekt am **Cheltenham's National Star College** zurück, ein Spezialzentrum für Menschen mit körperlicher, sensorischer oder Lernbehinderung. Hawking forderte den damaligen Premierminister Gordon Brown auf, Mittel aufzutreiben, um an diesem „**unschätzbaren Projekt**" festzuhalten. Das College finanziert sich inzwischen aus eigener Kraft.

Kurzfassung

Hawking trat auf der ganzen Welt leidenschaftlich für die Rechte Behinderter ein.

Siehe auch

LEBEN MIT ALS (S. 38)

ÖFFENTLICHE AKTIVITÄTEN (S. 118)

»In 20 Jahren leben wir vielleicht auf dem Mond. Innerhalb der nächsten 200 Jahre werden wir das Sonnensystem verlassen und Kurs auf die Sterne nehmen, aber bis dahin wollen wir in den Supermarkt, ins Kino und in Restaurants gehen.«

Erzbischof
Desmond Tutu

Technik für Behinderte

Ein Lob für Possum

Hawkings auf dem Rollstuhl montiertes Computersystem wurde von der Firma **Cambridge Adaptive Communications** gebaut, die jetzt **Possum** heißt. Die Palette der Systeme, die ursprünglich für Hawking entwickelt wurden und Behinderten ein Maß an Unabhängigkeit bieten, das sie sonst nie erreicht hätten, sind jedem zugänglich. Mit Possums **Electronic Assistive Technology** können Schwerstbehinderte Geräte im Alltag bedienen: Türen öffnen, Vorhänge schließen, Licht an- und ausmachen, Fernsehgeräte und Computer steuern. Viele Behinderte bezeichnen die Systeme als **lebensverändernd**, weil sie dank ihrer einige Zeit allein verbringen können, statt 24 Stunden am Tag von Helfern umgeben zu sein. Possum erhielt 2009 den **Queen's Award for Innovation**.

Kurzfassung

Die zukunftsweisenden Systeme, die Hawking halfen, seine Behinderung zu überwinden, haben vielen Menschen mit eingeschränkter Mobilität ein Gefühl von Unabhängigkeit gebracht.

Nur ein Augenzwinkern

Hawking hat die allgemeine Aufmerksamkeit auf Software wie **Equalizer** gelenkt: Das Programm wurde von der US-Firma **Words+** entwickelt und hilft ihm, Wörter auszusuchen, um sich mitzuteilen. Ohne diese Möglichkeit wären Hawkings bahnbrechenden Theorien des Kosmos für immer in seinem Gehirn begraben geblieben. Die Systeme werden ständig verbessert und können schon mit einem **Augenzwinkern** gesteuert werden. Die anfangs sehr zeitraubende Kommunikation wird inzwischen durch Software wie EZ beschleunigt, die sehr schnell Text in Sprache verwandeln kann, indem sie mit Ergänzung und Abkürzung von Wörtern arbeitet. 2011 bekam Hawking mit dem Sprachgenerator **VoiceText von NeoSpeech** eine neue Stimme, die natürlicher und realistischer klingt.

Siehe auch

LEBEN MIT ALS (S. 38)

RECHTE FÜR BEHINDERTE (S. 120)

Stammzellenforschung

2006 forderte Hawking die Europäische Union auf, nicht den „rückschrittlichen" Maßnahmen von George W. Bush zum **Verbot der Stammzellenforschung** zu folgen. Für Hawking war die Stammzellenforschung der Schlüssel zur Heilung **neurodegenerativer Krankheiten** wie Parkinson oder ALS. Er protestierte gegen den Entschluss von acht EU-Ländern, die Stammzellenforschung nicht mehr zu fördern, wenn sie überzählige Embryos aus der künstlichen Befruchtung verwendet. Die EU erklärte schließlich, weiterhin Geld für die **Forschung** an menschlichen Stammzellen zu vergeben, aber keine Projekte zu unterstützen, bei denen menschliche Embryos vernichtet werden. Da nun aber menschliche Embryos zerstört werden müssen, um an Stammzellen zu gelangen, hielt Hawking mit Recht fest, der EU-Entschluss stelle eine „Mogelpackung" dar.

»Ich freue mich, dass inzwischen Stammzellen gegen ASL eingesetzt werden, aber ich halte noch nicht den Atem an.«

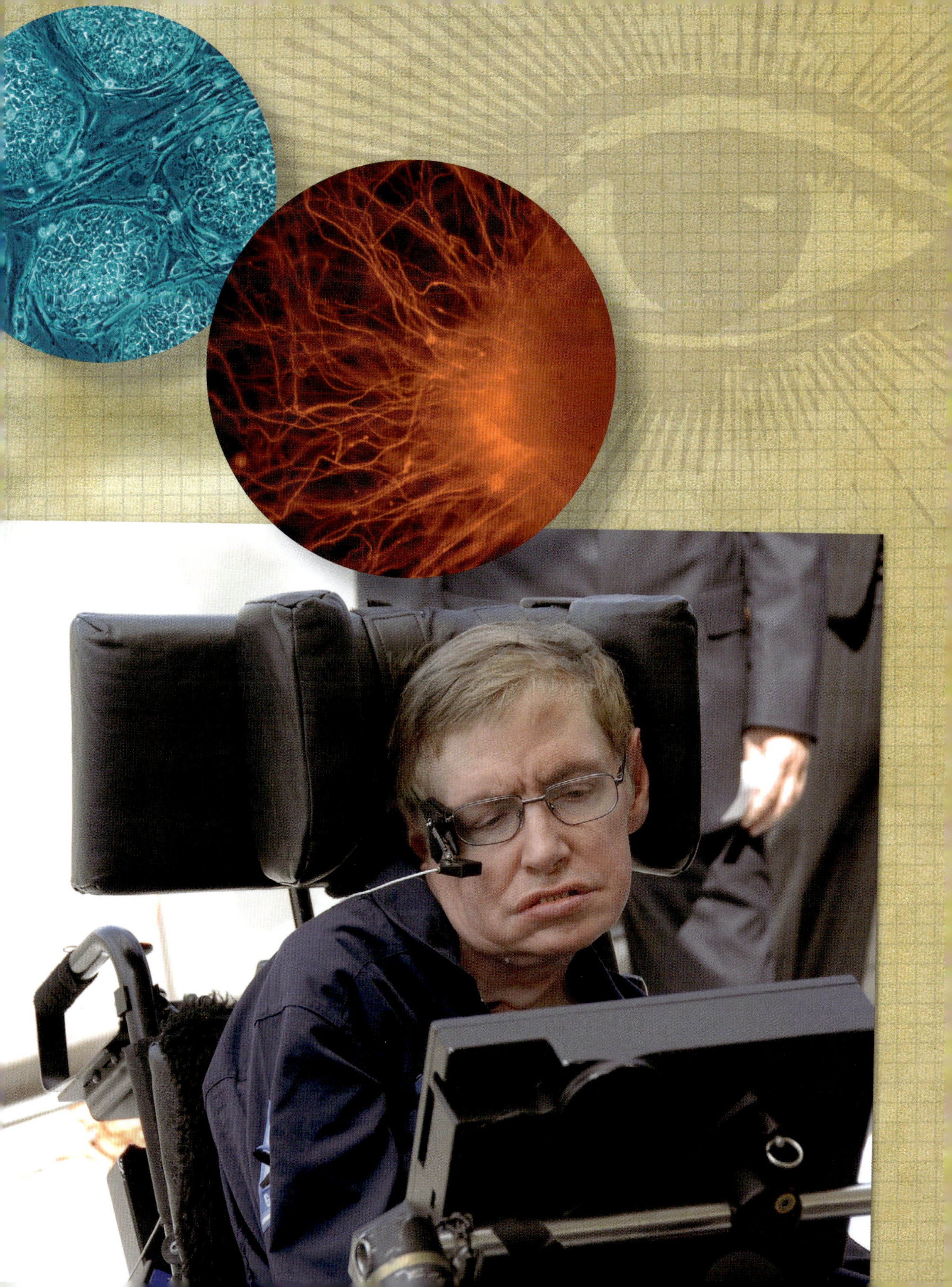

Verständliche Wissenschaft: eine Pioniertat

Ausverkaufte Vorträge

Hawking hielt überall auf der Welt Vorträge, zu denen oft Tausende von Zuhörern kamen. Meist wurde er wie **ein Rockstar** empfangen und nicht wie ein Professor aus Cambridge. Seine Themen reichten von der Geburt des Universums bis zur Entwicklung intelligenten Lebens auf der Erde. 2010 hielt Hawking einen Vortrag in der **Royal Albert Hall in London**, der ausverkauft war und 5 500 Zuhörer anzog. Er sprach über seine Theorien der imaginären Zeit, über Singularitäten der Raumzeit und vieldimensionale vereinheitlichte Theorien. Der Physiker **Jim Al-Khalili**, der ihn an diesem Abend einführte, merkte an, die Zuhörer hätten den Ausführungen zwar längst nicht alle folgen können, aber viele schienen einfach glücklich gewesen zu sein, einem derart **faszinierenden Menschen** zu begegnen.

Kurzfassung

Hawking macht die Naturwissenschaft bekannt: mit ausverkauften Vorträgen, Bestsellern und Fernsehsendungen über die Kosmologie, das Universum und alles Mögliche andere.

Bücher

Nach ***A Brief History of Time*** (1988) verfasste Hawking eine Reihe populärwissenschaftlicher Bestseller, die in dem Buch ***The Grand Design*** (*Der große Entwurf*) gipfelte, das er 2010 zusammen mit Leonard Mlodinow herausbrachte. Das Buch stand schon wenige Tage nach seinem Erscheinen in den USA auf Platz 1 der Amazon-Bestsellerliste. Die Verlagsbranche hat inzwischen den Begriff **Hawking-Effekt** geprägt, um den großen Erfolg solcher Bücher über abstrakte naturwissenschaftliche Themen zu beschreiben. 2005 wurde von Hawking und Mlodinow ***A Briefer History of Time*** (*Die kürzeste Geschichte der Zeit*) veröffentlicht, mit neuem Material. 2013 veröffentlichte Hawking seine Autobiografie ***My Brief History***. Er beschrieb seine Jugend, die Folgen der Diagnose ALS und wie er versuchte sich als junger Vater als Akademiker zu etablieren.

Siehe auch
WISSENSCHAFTLER UND SUPERSTAR (S. 52)
BLEIBENDES VERMÄCHTNIS (S. 150)

Stephen Hawking's Universe

Hawking trat oft im Fernsehen auf, um für die Naturwissenschaften zu werben und sie zu erklären. Hervorzuheben ist seine Serie ***Into the Universe with Stephen Hawking***, die 2010 auf dem Discovery Channel lief. Sie ist ein wahrer Rausch an computergenerierten Bildern und erklärt Hawkings Vision der Geschichte des Universums vom Urknall bis zur Gegenwart. In einer Folge ging es um Aliens, wobei Hawkings Äußerung, sie könnten der Erde in Zukunft gefährlich werden, die große Aufmerksamkeit der Medien erregte. 2011 lief auf Channel 4 in Großbritannien ***Brave New World with Stephen Hawking***, in der faszinierende neue Erkenntnisse aus der Welt der Naturwissenschaft vorgestellt wurden, z. B. von Gedanken gesteuerte Rollstühle. Mit seinen letzten beiden Serien ***Stephen Hawking's Grand Design (Discovery*** Channel, 2012) und ***Genius*** (National Geographic Channel, 2016) kombinierte er Wissenschaft und Philosophie.

»Wenn uns jemals Außerirdische besuchen, wird das meiner Meinung nach so ausgehen wie bei der ersten Landung von Columbus in Amerika: Für die Indianer nahm es kein gutes Ende.«

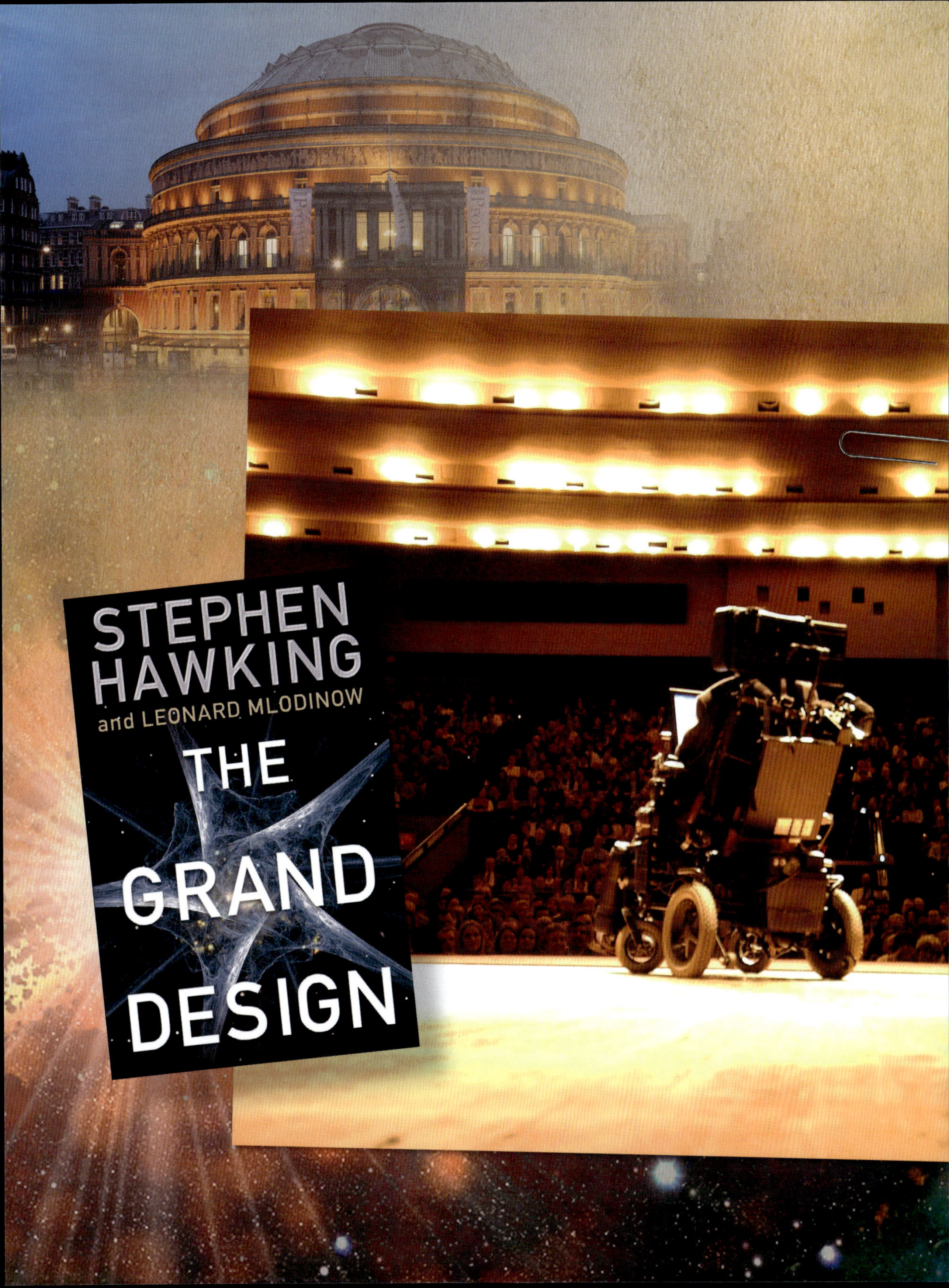
STEPHEN
HAWKING
and LEONARD MLODINOW
THE
GRAND
DESIGN

Film und Fernsehen

The Theory of Everything

Kinogänger waren 2014 fasziniert von Eddie Redmaynes oscargekröntem Hawking-Portät in dem Film ***Die Entdeckung der Unendlichkeit***. Der Film beginnt mit der zarten Romanze zwischen Hawking und Jane im idyllischen Cambridge und wendet sich der Auswirkung der Diagnose ALS auf Hawking zu. Dem Drehbuch liegen Janes Memoiren ***Die Liebe hat elf Dimensionen: Mein Leben mit Stephen*** zugrunde. Das Bild gewährt tiefe Einblicke in das Leben eines Mannes, der trotz schwerster Behinderungen akademische Brillanz und Berühmtheit erlangte. Redmayne bereitete sich monatelang vor, sprach mit ALS-Patienten, Ärzten, einem Choreographen und Bewegungsspezialisten. Die Darstellung gelang ihm so realistisch, dass Hawking manchmal meinte, er würde sich selbst beobachten.

Kurzfassung

Bei seiner Mitwirkung an Star Trek erfüllte sich Hawking den Traum, auf dem Sessel des Kapitäns der „Enterprise" zu sitzen.

Star Trek

Hawking war schon seit den 1960er Jahren ein Fan der Serie ***Star Trek*** (*Raumschiff Enterprise*) und trat in der Staffel The Next Generation (Das nächste Jahrhundert) als Gast auf. In einer Szene entwickelt der Android-Offizier Data ein Simulationsprogramm, das ihm erlaubt, mit **Hologrammen** von Hawking, Einstein und Sir Isaac Newton Poker zu spielen. Hawking ist der einzige Gaststar, der in einer *Star-Trek*-Folge sich selbst spielte. Die Szene zeigt die großen Denker bei nettem Geplänkel, wobei Newton ein paar flapsige Bemerkungen abbekommt, bis dann eine Superhand von Hawking (viermal die Sieben) dem Spiel ein Ende bereitet bzw. wegen „Rotem Alarm" das Spiel abgebrochen werden muss. Während des Drehs bat Hawking darum, **das Set besuchen** und im Sessel des Captains auf der Brücke des Raumschiffs sitzen zu dürfen.

Siehe auch
VERSTÄNDLICHE WISSENSCHAFT: EINE PIONIERTAT (S. 124)

Auftritte in Zeichentrickfilmen

Hawking tauchte in einigen Folgen der Simpsons auf und hat mit deren Verfasser Matt Groening in der Sciencefiction-Sitcom ***Futurama*** mitgewirkt, die zahlreiche Preise gewann. Sie schilderte die Abenteuer eines toten Pizza-Ausfahrers namens Philip J. Fry, der im späten 20. Jahrhundert in New York lebte und eingefroren wurde. Er erwachte im 31. Jahrhundert, reiste dann in die fernsten Ecken des Universums und traf dort auf alle möglichen Aliens, auf verrückte Genies, Roboter und Mutanten. Hawking kam in **mehreren Folgen** vor; bemerkenswert ist besonders die, in der sein Kopf in einem Glas steckt und er in der Lage ist, Leute zu betäuben, indem er Strahlen aus seinen Augen sendete. In einer anderen Folge schreibt Fry fälschlicherweise Hawking zu, er habe **die Schwerkraft erfunden**, worauf der Darsteller von Hawking erwidert: „Ja, sicher. Warum nicht?".

»Man glaubt dass ich eine Simpsons-Figur bin.«

Stephen Hawking in *Futurama*

Haarsträubendes

Päpstlicher Präzedenzfall

Hawkings Teilnahme an einer Konferenz über die Grundlagen der Kosmologie, die von der Päpstlichen Akademie der Wissenschaften 1981 im Vatikan veranstaltet wurde, führte zu Kontroversen. **Papst Johannes Paul II**. verkündete, er sehe in der Kosmologie einen Segen, habe aber das Gefühl, die Naturwissenschaftler sollten sich nicht zu sehr mit der Entstehung des Universums befassen, denn das sei die **Domäne der Theologen**. Das Timing konnte überhaupt nicht heikler sein, denn Hawking hatte gerade sein radikales No-Boundary-Proposal verkündet, und seine agnostische Haltung war allgemein bekannt. Als aber der Papst Hawking vorgestellt wurde, kniete er längere Zeit neben ihm, um mit ihm auf Augenhöhe sprechen zu können. Das **beleidigte einige Katholiken**, die fragten, warum sich der Papst so viel Zeit für einen Ungläubigen nahm, dessen Ansichten die christliche Vorstellung der Schöpfung radikal herausfordern. In einer weiteren Konferenz über die Evolution 2008 traf Hawking Papst Benedikt XVI. und wurde von ihm gesegnet.

Kurzfassung

Hawking hat Kontroversen nie gescheut. So hat er den Vatikan verärgert und fünf Stunden lang einen Lap-Dancing-Club besucht.

Hawking und die Öffentlichkeit

Neben Carl Sagan gehörte Hawking zu den ersten Kosmologen, die ihre Arbeit auch Laien erklärten und damit Interesse für ihre Wissenschaft weckten. Zunächst wurde ihm das von den akademischen Kollegen **wenig gedankt**. Einige klagten, er arbeite an den gleichen Themen wie andere Kosmologen und ziehe nur wegen seines Zustands so viel Aufmerksamkeit auf sich. **Peter Guzzardi**, der *A Brief History of Time* lektorierte, hatte den Eindruck, dass es einige Studenten Hawking übel nahmen, so viel Zeit mit der Popularisierung seiner Forschung zu verbringen, statt sie für wichtigere Forschungsarbeiten zu verwenden. Einige seiner Kollegen argwöhnten, dass ihre Arbeit durch die **Popularisierung der Naturwissenschaft** der Öffentlichkeit weit einfacher erscheinen würde, als sie wirklich ist.

Siehe auch

HAWKING, GOTT UND DIE WELT (S. 46)

Ein eigenwilliger Professor

Hawking hat sich nicht immer so aufgeführt, wie man es von einem Lucasischen Professor für Mathematik erwarten würde. 1990 wurde er zu einem Vortrag am Brighton Conference Center eingeladen und sollte am Abend zuvor eine Pressekonferenz geben. Die Journalisten erschienen, nicht aber Hawking. Der hatte herausgefunden, dass die Rockband **Status Quo** an diesem Abend im Conference Center auftrat, und beschloss, lieber zum Rockkonzert zu gehen. 2003 besuchte er den Stringfellow's Lap-Dancing Club in London, wo er zu Abend aß und sich nicht etwa an der String-Theorie, sondern an den Tänzen einiger Girls erfreute. Laut Peter Stringfellow (sic!), dem Besitzer des Clubs, hatte Hawking besonders an der Tänzerin, die sich „Tiger" nannte, Gefallen gefunden und war fünf Stunden geblieben.

»Es ist nicht nötig, Gott als den Ersten zu bemühen, der das Licht entzündet und das Universum in Gang gesetzt hat.«

Die Rockband
Status Quo

Hawking trifft Papst
Benedikt XVI. Ende 2008

Der nächste Hawking?

Edward Witten

Man hat Hawking als den nächsten Einstein bezeichnet, aber wer könnte der nächste Hawking sein? Viele halten Edward Witten vom **Institute for Advanced Study** in Princeton für den derzeit bedeutendsten Physiker. Seine Spezialgebiete sind **String-Theorie** und **M-Theorie**. Darüber hinaus hat er zahlreiche Arbeiten über Supersymmetrie (die Äquivalenz zwischen verschiedenen Familien des Elementarteilchenzoos) und verschiedene Teilgebiete der Mathematik wie Geometrie und Topologie veröffentlicht. Man sagt, dass Wittens **mathematische Fähigkeiten** die der meisten Mathematiker weit übersteigen, so weit, dass er 1990 als bis dahin einziger Physiker mit der **Fields-Medaille** ausgezeichnet wurde, dem Gegenstück der Mathematiker zum Nobelpreis.

Michael Green

Wie es der Brauch ist, gab Hawking im September 2009 mit 67 die **Lucasische Professur für Mathematik** ab. Sein Nachfolger wurde Michael Green, einer der Pioniere der String-Theorie. Green schaffte zusammen mit dem Physiker **John Schwarz** vom Caltech den mathematischen Durchbruch, der zur anfänglichen Popularität der String-Theorie in den 1980er Jahren führte. Er war schon Professor für Theoretische Physik in Cambridge, als er am 1. November 2009 als Achtzehnter auf den Lucasischen Lehrstuhl berufen wurde. Green musste seinen Posten in 2015 aufgeben als er 67 war. Der **angesehensten Posten in der Physik** wurde von **Michael Cates** übernommen.

Brian Cox

Es ist nicht nur die bloße Fähigkeit, mathematische Physik zu betreiben, die Hawking so erfolgreich gemacht hat. Viel von seinem Ansehen verdankte sich den Bemühungen, mit Büchern, Vorträgen und Fernsehauftritten **schwierige naturwissenschaftliche Konzepte** auch der Öffentlichkeit zu vermitteln. Jemand, der ihm darin nahekommt oder ihn gar übertrifft, ist der **Brite Brian Cox**, Professor für Mathematik an der University of Manchester. Er tritt in zahlreichen **Dokumentarsendungen** im Fernsehen auf, hält regelmäßig Vorträge und hat mit dem Komiker Robin Ince in **BBC Radio 4** eine eigene Wissenschafts-Comedyshow. Vielleicht ist es kein Zufall, dass die Zahl der Physikstudenten in England sprunghaft anstieg, nachdem Cox bekannt geworden war. Bevor sich Cox ganz der Physik widmete, war er Keyborder in der Band D:Ream.

Kurzfassung

Jede Generation hatte ihre Physik-Genies, von Newton bis Einstein. Hawking fand einen rechtmäßigen Platz in dieser Reihe, aber wer wird sein Nachfolger sein?

Siehe auch

QUANTENGRAVITATION **(S. 92)**

VERSTÄNDLICHE WISSENSCHAFT: EINE PIONIERTAT **(S. 124)**

DAS ZIEL HEISST QUANTENGRAVITATION **(S. 142)**

»Wissenschaftler sind bei unserer Suche nach Wissen die Fackelträger der Entdeckung geworden.«

Edward Witten

Michael Green

Brian Cox

Hinweise auf Schwarze Löcher

Cygnus X-1

Lange Zeit hielt man Schwarze Löcher für abstrakte, **rein theoretische Kuriositäten**. Heute geht man davon aus, dass **thermische Strahlung** in Form von Röntgenstrahlung frei wird, wenn ein Schwarzes Loch einen Nachbarstern einsaugt, dessen Materie beim Sturz in das Loch zusammengepresst und auf unglaublich hohe Temperaturen aufgeheizt wird. 1964 entdeckte man mit Cygnus X-1, der stärksten Röntgenquelle im Sternbild Schwan, den ersten Kandidaten für ein wirkliches Schwarzes Loch. Da die Erdatmosphäre Röntgenstrahlen aus dem All abschirmt, wurde Cygnus X-1 erst von einem Röntgendetektor an Bord eines Satelliten außerhalb der Erdatmosphäre entdeckt. Hawking hat einst mit seinem Kollegen **Kip Thorne** gewettet, Cygnus X-1 sei kein Schwarzes Loch, musste aber später seine Niederlage eingestehen.

Supermassereiche Schwarze Löcher

Cygnus X-1 ist eigentlich ein Doppelstern, dessen einer Partner ein stellares Schwarzes Loch ist, das etwa die **30-fache Masse der Sonne** hat. Man vermutet, dass weit größere Exemplare Schwarzer Löcher im Herz der Galaxien zu finden sind. Diese Ungeheuer, die **supermassereichen Schwarzen** Löcher, können 10 Milliarden Mal schwerer als unsere Sonne sein. Aus Messungen der **Geschwindigkeit von Sternen**, die sie auf engen Bahnen umkreisen, deren Durchmesser oft nicht größer als der unseres Sonnensystems ist, kann man auf die Masse im Zentrum der Galaxie schließen. In einigen Fällen erwies sie sich als derart riesig, dass das Zentralobjekt nur ein Schwarzes Loch sein kann.

Ereignishorizonte

Auch die Entdeckung eines Objekts mit genügend großer Dichte reicht nicht aus, um die Existenz eines Schwarzen Lochs zweifelsfrei zu beweisen. In den 1990er Jahren fanden die Astronomen neue, **schlagkräftigere Indizien**. Die Allgemeine Relativitätstheorie sagt voraus, dass die Wellenlänge der Strahlung, die von einem Objekt ausgeht, immer größer wird, wenn es auf den Ereignishorizont eines Schwarzen Lochs und seine ungeheure Schwerkraft zusteuert. 1992 wurden einige sogenannte ***dying pulse trains*** um ein Schwarzes Loch entdeckt, Lichtblitzfolgen mit abnehmender Intensität und abnehmendem Abstand. Sie werden vermutlich von Materie ausgesendet, die sich auf den letzten Umläufen um ein Schwarzes Loch befindet, bevor sie verschlungen wird. Entscheidend ist, dass die Pulsfolgen einfach verschwinden, also nicht mit einem **letzten hellen Blitz** enden. Das ist genau das, was man erwartet, wenn Materie über einen Ereignishorizont stürzt, statt irgendwo auf einer festen Oberfläche aufzuschlagen.

Kurzfassung
Hawking verwendete viel Zeit auf die Erforschung Schwarzer Löcher – abstrakte, theoretische Gebilde – die inzwischen gar nicht mehr so abstrakt sind.

Siehe auch
SCHWARZE LÖCHER
(S. 70)
WISSENSCHAFTLICHE WETTEN
(S. 102)

»Obwohl zum Thema Cygnus X-1 nicht sonderlich viel hinzugekommen ist, seit wir 1975 unsere Wette abgeschlossen haben, gibt es inzwischen so viele Daten, die für Schwarze Löcher sprechen, dass ich mich für geschlagen erkläre.«

× 30

Verdampfung Schwarzer Löcher

Der Unruh-Effekt

Eine berühmte Entdeckung Hawkings ist, dass der leere Raum in der Gegenwart eines **starken Gravitationsfeldes** Materieteilchen erzeugt: die sogenannte Hawking-Strahlung. Einer der Grundpfeiler der Relativitätstheorie ist das Äquivalenzprinzip, wonach ein Gravitationsfeld einer gleichmäßigen Beschleunigung entspricht. Das hätte zur Folge, dass in der Umgebung beschleunigter Objekte eine Art **Hawking-Strahlung** auftritt. 1976 bewies der Physiker **Bill Unruh** von der University of British Columbia diesen Effekt mathematisch. Unruhs Formel zeigt, dass ein im Vakuum gleichmäßig beschleunigter Beobachter Teilchen mit einem thermischen Spektrum beobachten würde. Unruhs Ergebnisse sind bahnbrechend, denn sie bedeuten, dass der leere Raum nur für denjenigen Beobachter wirklich leer ist, der sich relativ zu ihm in Ruhe befindet.

Urtümliche Schwarze Löcher

Das Merkwürdige an der Hawking-Strahlung ist, dass kleinere Schwarze Löcher mehr Teilchen aussenden als größere. Das bedeutet, dass ein verdampfendes Schwarzes Loch im Laufe der Zeit immer schneller zusammenschrumpft, also die **Rate der Strahlung zunimmt**. Am Ende seines Lebens verschwindet es mit einem letzten Ausbruch von Gammastrahlung hoher Energie. **Große Schwarze Löcher** (auch solche, die aus dem Kollaps von Sternen durchschnittlicher Größe entstanden sind) strahlen zu schwach, als dass man diesen Effekt bemerken könnte. Die Astronomen glauben heute, dass der immense Druck im Feuerball des Urknalls Materie in kleinen Raumbereichen zum Kollaps brachte und damit winzige urtümliche oder **primordiale Schwarze Löcher** erzeugte. Rechnungen zeigen, dass diese massearmen Schwarzen Löcher gerade heute das Endstadium ihrer Verdampfung erreichen könnten. Das **Fermi Gamma-Ray Space Telescope** der NASA sucht von einer Erdumlaufbahn aus den Himmel nach solchen „Todesschreien“ kosmischer Greise ab.

Neue Horizonte

Ereignishorizonte sind nicht die einzigen Horizonte in der Astrophysik. Die Kosmologen sprechen häufig von Horizonten, wenn sie **das Universum als Ganzes** betrachten. So definiert beispielsweise der Weg, den das Licht seit dem Anfang des Universums höchstens zurückgelegt haben kann, einen fernen Horizont, der uns umgibt. Selbst mit dem allerleistungsfähigsten Teleskop kann man nicht hinter diesen Horizont schauen. 1988 übertrug **Paul Davies** von der University of Newcastle Upon Tyne Hawkings Erkenntnisse über die Thermodynamik der Schwarzen Löcher auf diese anderen kosmologischen Horizonte und zeigte, dass man auch ihnen Eigenschaften analog zu **Entropie und Temperatur** zuschreiben kann.

Kurzfassung

Hawkings Theorie der Strahlung Schwarzer Löcher hat die Physik revolutioniert. Nun würden die Astrophysiker gern eines dieser kosmischen Ungeheuer beobachten, wenn es seinen Geist aushaucht.

Siehe auch

SCHWARZE LÖCHER (S. 70)
HAWKING-STRAHLUNG (S. 80)
BEWEISE FÜR HAWKINGS THEORIEN (S. 104)

»Die Strahlung aus einem Schwarzen Loch trägt Energie davon, sodass das Schwarze Loch an Masse verliert und schrumpft. Schließlich scheint das Schwarze Loch gänzlich zu verdampfen und zu verschwinden.«

Was wird aus der Information?

Die Bekenstein-Grenze

Wenn die Informationsmenge eines Objekts zunimmt, erhöht sich die **Entropie**. Der Zweite Hauptsatz der Thermodynamik besagt, dass die Gesamtentropie des Universums nur zunehmen kann. Die Physiker haben bereits gezeigt, dass die Entropie eines Schwarzen Lochs ausschließlich von der Fläche seines Ereignishorizonts abhängt, die wiederum einzig von seiner Masse bestimmt wird. Wenn man also ein Objekt mit einer bestimmten Masse **in ein Schwarzes Loch wirft**, nimmt dessen Entropie um einen bestimmten Betrag zu. Was aber, wenn dieser Betrag geringer wäre, als es der Entropie des hineingeworfenen Objekts entspricht? Dann müsste die Entropie irgendwo verloren gegangen sein, und die Gesamtentropie des Universums hätte abgenommen – womit **der Zweite Hauptsatz der Thermodynamik verletzt** würde. Die Bekenstein-Grenze besagt deshalb, dass die Menge an Entropie oder Information, die in ein Schwarzes Loch fällt, stets kleiner als die Entropie- oder Informationszunahme dieses Schwarzen Lochs sein muss.

Konforme zyklische Kosmologie

Roger Penrose vertritt eine neue Theorie des Universums, die sowohl mit der Inflationstheorie als auch mit dem ekpyrotischen Modell konkurriert. **Penrose** konnte mathematisch beschreiben, wie eine Serie von Standard-Universen entsteht, wenn man das Ende eines Universums zum Anfang des nächsten macht. Die Theorie versucht die Probleme der **gewöhnlichen Urknall-Kosmologie** zu lösen und befasst sich auch mit einem weiteren ihrer Rätsel: Das Inflationsmodell kann nicht erklären, warum die **Informationsentropie des Universums**, also das Maß seiner Unordnung, so gering ist, obwohl die Gesetze der Thermodynamik fordern, dass die Entropie ständig zunimmt. Im Modell von Penrose wird die Informationsentropie in ferner Zukunft von Schwarzen Löchern geschluckt, bevor ein Universum in das nächste übergeht. 2010 behaupteten Penrose und sein Kollege **Vahe Gurzadyan**, erste astronomische Beweise für ihre Theorie gefunden zu haben.

Kinderspiele

Versuche, das **Informationsparadoxon der Schwarzen Löcher** aufzulösen, brachten eine neue Methode hervor, mit der sich mögliche Kandidaten für eine Quantengravitationstheorie besser verstehen lassen. Stellt man Theorien mit den vier Dimensionen unserer Raumzeit auf, sind sie fürchterlich kompliziert. In den frühen 1990er Jahren erkannte eine amerikanische Forschergruppe, dass man mit nur einer Raumdimension anstelle von vieren zu einer besser beherrschbaren Mathematik kommt, ohne die wichtigsten Eigenschaften der **vierdimensionalen Theorie** aufgeben zu müssen.

Kurzfassung

Das bizarre Verhalten der Information in und um Schwarze Löcher hat in der Physik und Kosmologie zu leistungsfähigen neuen Ansätzen geführt. Viele dieser Ideen gehen auf Hawking zurück.

Siehe auch

MECHANIK DER SCHWARZEN LÖCHER
(S. 76)
DAS INFORMATIONS-PARADOXON
(S. 82)

»Wenn Sie in ein Schwarzes Loch springen, kehrt Ihre Massenenergie in unser Universum zurück, aber in verzerrter Form, sodass die Information, wie Sie einmal ausgesehen haben, nur noch schwer zu entziffern ist.«

Geburt des Universums

Alexander Vilenkins Wellenfunktion

Der Physiker **Alexander Vilenkin** von der Tufts University entwickelte eine Alternative zum **No-Boundary-Proposal von Hartle und Hawking**. Die Quantenkosmologie beschäftigt sich mit der Entwicklung der Größe des Universums, mathematisch als **Skalenfaktor** erfasst mithilfe der quantenmechanischen Bewegungsgleichungen. Aber welchen Anfangszustand des Universums soll man in die Gleichungen hineinstecken? Hartle und Hawking entschlossen sich, alle möglichen Zustände zuzulassen, solche für ein expandierendes und solche für ein kontrahierendes Universum. Vilenkin hingegen wählt nur solche Zustände aus, die **expandierenden Universen** entsprechen. Auf diese Weise entstehen nur Universen, die der Inflation unterliegen, und nur mit der Inflation kann man die Probleme des Standard-Urknallmodells lösen.

Kurzfassung
Viele Physiker haben Hawkings Ansatz für die Geburt des Universums – Quantenkosmologie und Inflation –aufgegriffen und sind ihm gefolgt.

Ewige Inflation

1986 wurde von dem russischen Physiker **Andrei Linde** ein neues Modell der Inflation vorgestellt: Die „ewige Inflation" ist mit den Anfangsbedingungen von Hartle und Hawking vereinbar. Erlauben die Bedingungen in einem winzigen Volumen des Universums die Inflation, beginnt sie dort auch; dieses Volumen dominiert dann sehr rasch das gesamte Universum. Wenn dann aus dem Anfangszustand von Hartle und Hawking folgt, dass die Wahrscheinlichkeit für eine Inflation nicht exakt null ist, findet sie auch mit großer Sicherheit statt. Außerdem dauert dann die Inflation im größten Teil des Universums noch heute an, wir leben nur zufällig in einer kleinen **Blase**, in der sie schon beendet ist.

Siehe auch
KOSMOLOGIE (S. 84)
INFLATION (S. 86)

Dunkle Energie

Tatsächlich scheint sich das beobachtbare Universum immer noch in abgeschwächter Form inflationär auszudehnen. Das **erste Indiz** dafür wurde in den späten 1990er Jahren gefunden, als unabhängig voneinander zwei Astronomen-Teams in den USA neue Beobachtungen weit entfernter Supernova-Explosionen meldeten. Lange nahm man an, dass die Ausdehnung des Universums **unter dem Einfluss seiner eigenen Schwerkraft abgebremst** wird und dass daher weit entfernte Supernovae etwas heller aufleuchten, als sie sollten. Aber das Gegenteil traf zu, die Supernovae waren schwächer als erwartet, was heißt, dass sich die kosmische Expansion derzeit beschleunigt. Die Theoretiker meinen, dass diese Beschleunigung von einer **Antigravitation** erzeugt wird, die von einem hypothetischen Energiefeld ausgeht, das den Raum durchdringt und Dunkle Energie genannt wird. Drei der Astronomen, die das entdeckten, teilten sich **2011 den Nobelpreis für Physik**.

»Die Randbedingungen eines Universums sollten von ganz spezieller Art sein – und was kann spezieller sein, als dass es keinen Rand gibt?«

Raumzeit-Physik

Das ekpyrotische Universum

2001 stellte Hawkings Kollege **Neil Turok** eine Alternative zur Inflationstheorie vor, das „ekpyrotische" Universum (griech. „aus dem Feuer geboren"). Turoks Konzept basiert auf der String-Theorie und besagt, dass der dreidimensionale Raum unseres Universums in gleichen Abständen wiederkehrende Zusammenstöße mit dem dreidimensionalen Raum eines Paralleluniversums erleidet. Diese Kollisionen erhalten das **Universum glatt und flach**, ein Phänomen, zu dessen Erklärung sonst die Inflationstheorie herangezogen wird. Turoks Theorie erklärt (wie es die Inflationstheorie ebenfalls leistet) die Herkunft der Dichtefluktuationen, aus denen einst die Galaxien entstanden sind. Die Entscheidung könnte die Entdeckung (oder Nicht-Entdeckung) von Gravitationswellen – rhythmischen Verzerrungen der Raumzeit, die sich ausbreiten wie eine Welle – bringen; die Inflationstheorie fordert diese Wellen, die ekpyrotische Theorie schließt sie aus. Zuvor müssen die Experimentatoren aber noch einen tauglichen **Detektor für Gravitationswellen** bauen.

Die Form des Universums

Die Allgemeine Relativitätstheorie sagt nichts darüber aus, wie der Raum in unserem Universum topologisch strukturiert ist. Er könnte Kugelform haben, und man würde, soweit man auch geht, immer wieder an den Start zurückkommen. Er könnte auch wie ein Donut geformt sein. Oder er könnte eine noch kompliziertere Form haben, wie es Physiker vom **Observatoire de Paris** glauben. Sie behaupten, Indizien dafür gefunden zu haben, dass das Universum die Struktur eines gigantischen Dodekaeders hat, also eines symmetrischen zwölfflächigen Gebildes. Wenn man das Universum durch eine Seite verlässt, tritt man unmittelbar durch die gegenüberliegende Seite wieder ein. Das Team glaubt, Muster in der kosmischen Hintergrundstrahlung entdeckt zu haben, die **diese Theorie belegen**.

Schneller als das Licht

Als sich Hawking 1992 den Drehort von *Star Trek* ansah und man ihm den Warp-Antrieb des **Raumschiffs Enterprise** zeigte, kündigte er bekanntlich an: „Ich arbeite daran." Ihm kam jedoch ein anderer Physiker zuvor. 1994 veröffentlichte **Miguel Alcubierre** den Entwurf für einen Warp-Antrieb, der auf der Idee der kosmischen Inflation basiert: Eine Hülle aus exotischem Material mit negativer Energie wird um das Raumschiff gelegt, die den Raum dahinter dazu bringt, sich exponentiell schnell auszudehnen, während der Raum davor im gleichen Maß schrumpft. Der Nettoeffekt ist, dass das Raumschiff **außerordentlich schnell** vorankommt. Einige Physiker sind **skeptisch**, was diesen Ansatz betrifft, weil man dazu unglaublich viel Materie mit negativer Energie benötigen würde.

Kurzfassung

In den vergangenen Jahrzehnten wurden neue Ideen über den Ursprung und die Entwicklung des Universums bekannt, und Forscher überlegten sich Anwendungen der Relativitätstheorie auf ungewöhnliche Probleme, z. B. Warp-Antriebe.

Siehe auch

INFLATION (S. 86)
QUANTENGRAVITATION (S. 92)

»Man stelle sich vor, man lebt in einer Seifenblase, die sich stetig ausdehnt. Zu dieser Seifenblase kommen noch viel mehr Seifenblasen, die auch durch die Raumzeit treiben. Ein Himmel voller Seifenblasen – eine Vorstellung von gewaltiger Schönheit.«

NCC-170

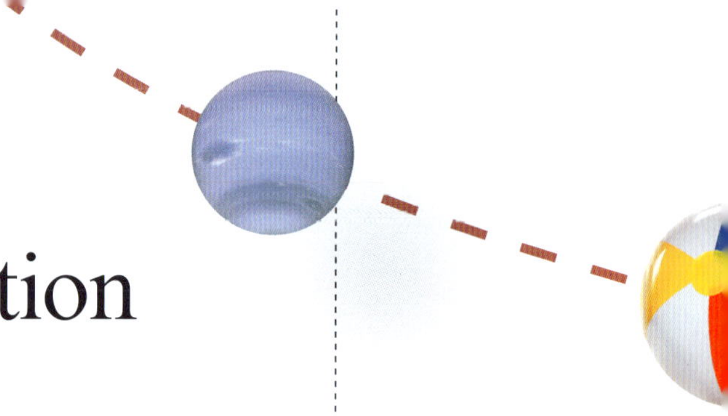

Das Ziel heißt Quantengravitation

Schwarze Löcher mit String-Struktur

Ein großer Teil von Hawkings Forschung bezog sich auf die etwas unbequeme Frage der Schnittstelle zwischen der Allgemeinen Relativitätstheorie und der Quantentheorie. Seine Arbeiten über das **Quantenverhalten der Schwarzen Löcher**, in denen er deren Entropie berechnen konnte, beruhten auf der halbklassischen Näherung: Materie und Energie werden quantentheoretisch auf dem Hintergrund des klassischen, gekrümmten Raums der Allgemeinen Relativitätstheorie beschrieben. Das war nicht wirklich befriedigend, weil damit möglicherweise wichtige Effekte der Quantengravitation übersehen wurden. 1995 stellten die Physiker **Andrew Strominger** und **Cumrun Vafa** von der Harvard University eine Berechnung der Entropie der Schwarzen Löcher vor, die auf einer vollständigen string theoretischen Quantengravitation fußt. Die Rechnungen stimmen perfekt mit den Ergebnissen überein, die Hawking mit seinem halbklassischen Ansatz erzielte.

Schleifen-Quantengravitation

Die String-Theorie ist nur eine der möglichen Theorien der Quantengravitation. Eine weitere, die großes Interesse erregte, ist die **Schleifen-Quantengravitation**. Nach ihr haben Raum und Zeit in ihrer kleinsten Skala die Struktur eines **Netzes** oder Gewebes aus Schleifen, das von den Physikern auch „Spin-Netzwerk" genannt wird. Die Theorie wurde zuerst 1990 von **Lee Smolin** von der Syracuse University im Bundesstaat New York vorgestellt. Smolin und sein Team fanden heraus, dass eine solche Umformung von Raum und Zeit zu einer Struktur führt, die mit den Quantengesetzen weit kompatibler ist als andere Modelle. Rechnungen auf der Grundlage der Schleifen-Quantengravitation liefern auch die richtigen Entropiewerte für Schwarze Löcher und beseitigen erfolgreich die **Singularität des Urknalls**, wenn sie auf die Kosmologie angewendet werden.

Theorie der Kausalmengen

Die Theorie der Kausalmengen ist ein Ansatz der Quantengravitation, den der Physiker **Rafael Sorkin** von der Syracuse University erarbeitete. Die Idee stützt sich auf zwei Säulen. Die erste ist, dass die **Raumzeit gekörnt** ist, womit die quantenförmige Struktur dieser Theorie von vornherein feststeht. Die zweite Säule ist, dass sich einzelne Raum- oder Zeitpunkte nur in einer Weise entwickeln dürfen, die die Kausalität, also die richtige Abfolge von Ursache und Wirkung, nicht verletzt. Das bedeutet, dass eine Wirkung nicht vor ihrer Ursache eintreten kann, oder, genauer gesagt: nicht bevor ein Lichtstrahl die Zeit hatte, von der Ursache aus zur Wirkung zu gelangen. Der größte Triumph der Kausalmengen-Theorie ist bisher, dass sie erfolgreich die Menge der **Dunklen Energie** im Universum voraussagt.

Kurzfassung

Hawking lieferte bahnbrechende Beiträge zur Suche nach der Quantengravitationstheorie. Viele andere glänzende Physiker sind unterdessen seinen Vorgaben gefolgt.

Siehe auch

INFLATION (S. 86)
QUANTENGRAVITATION (S. 92)

„Wir können vermuten, dass die klassische Allgemeine Relativitätstheorie in der Nähe einer Singularität zusammenbricht, weil dort Effekte der Quantengravitation berücksichtigt werden müssen."

Quanteninformationstheorie

Qubits

Einige von Hawkings Schülern sind der Verbindung von Quanten- und Informationstheorie nachgegangen. In der **Quanteninformationstheorie** wird das klassische Bit durch sein quantenphysikalisches Analogon, das **Qubit**, ersetzt. Qubits sind in Quantenteilchen gespeichert, was heißt, dass sie den kontraintuitiven Gesetzen der Quantenmechanik gehorchen: Während ein Bit den Wert 0 oder den Wert 1 annehmen kann, führt die Quantenunbestimmtheit dazu, dass ein Qubit gleichzeitig 0 und 1 sein kann.

Quantencomputer

Die erste Anwendung der Quanteninformationstheorie ist der Quantencomputer, dessen Leistungsfähigkeit selbst die modernsten **Supercomputer** weit in den Schatten stellt. Quantencomputer machen sich die schon erwähnte Tatsache zunutze, dass ein Qubit zur gleichen Zeit 0 und 1 sein kann, um Riesenmengen von Information schnell zu verarbeiten. Das eröffnet ganz neue Möglichkeiten: Man könnte die Suche in Riesendatenbanken **mit blitzartiger Geschwindigkeit** erledigen. Das wäre ein gewaltiger Fortschritt, denn manche mathematischen Aufgaben sind **so komplex**, dass ihre Lösung mit einem herkömmlichen Computer mit seinen klassischen Bits länger dauern würde, als das Universum alt ist. Ein Quantencomputer könnte die gleiche Aufgabe in Stunden oder sogar Minuten bewältigen. An der Konstruktion der ersten Quantencomputer wird gearbeitet.

Teleportation

Paare von Quantenteilchen können in einem sogenannten **verschränkten Zustand** existieren, was heißt, dass ein Teilchen „wackelt", wenn man das andere „anschubst", und zwar auch dann, wenn beide sehr weit voneinander entfernt sind. Diesen Effekt könnte man für **absolut sichere Verschlüsselungen** verwenden. Der Code zur Entschlüsselung wird über einen „verschränkten" Kanal gesendet. Da die Quantenunbestimmtheit dafür sorgt, dass man in einem Quantensystem keine Messung machen kann, ohne das System zu verändern, würde jeder Lauscher sofort seine Gegenwart verraten; der Absender könnte dann seinen Code ändern. Die Verschränkung wurde auch für einfache **Experimente mit Teleportation** benutzt. Dabei wurden Quantenteilchen quer durch das Forschungslabor gebeamt, in einem Fall 600 Meter weit in einem Tunnel unter der Donau in Wien. Die Forscher um den Österreicher **Anton Zeilinger**, die sich mit der **Quanten-Teleportation** befassen, fügen aber schnell hinzu, dass es noch sehr lange dauern wird, bis man auf diese Weise Menschen „teleportieren" kann.

Kurzfassung

Wie Hawking gezeigt hat, verhält sich Information im Quantenreich seltsam. Inzwischen bringt die Quanteninformationstheorie Technologien hervor, die direkt aus einem Sciencefiction-Roman stammen könnten.

Siehe auch

DAS INFORMATIONS-PARADOXON **(S. 82)**
WAS WIRD AUS DER INFORMATION? **(S. 136)**

»Unsere größten Hoffnungen könnten sich in der Zukunft erfüllen. Die (Informations-)Technologie eröffnet uns grenzenlose Möglichkeiten.«

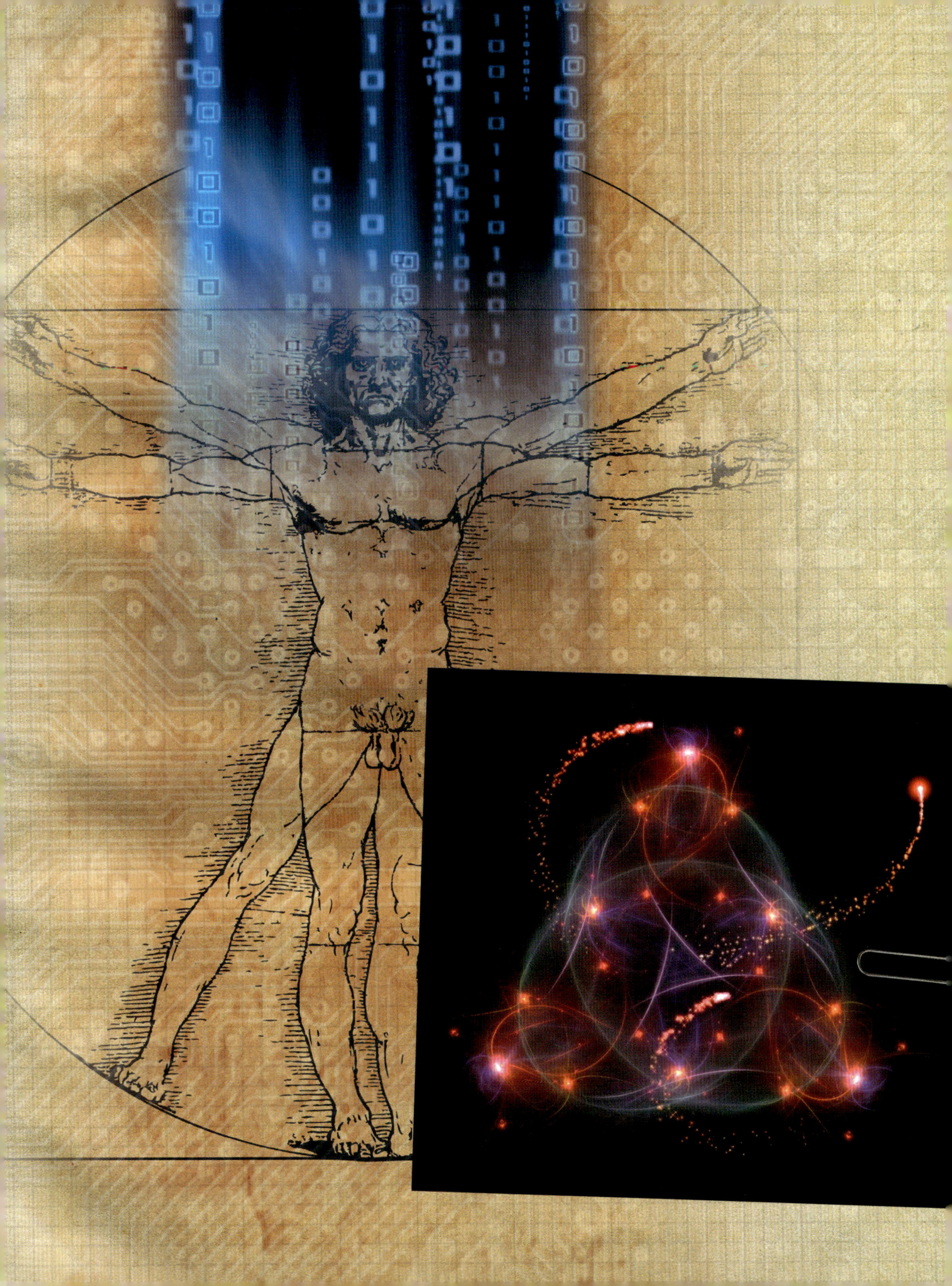

Zeitreisen

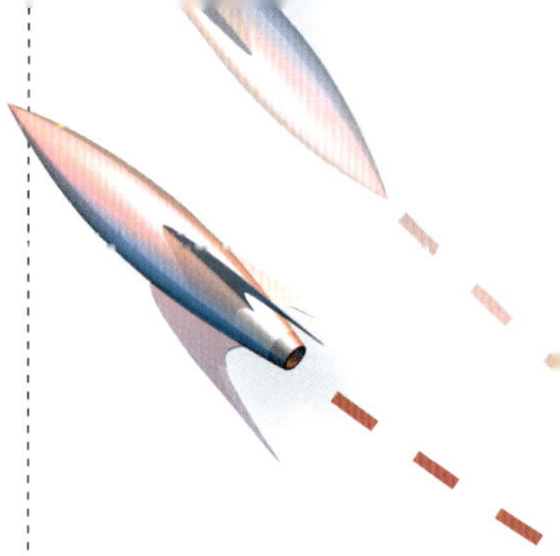

Wurmlöcher in die Vergangenheit

Trotz Hawkings Chronologieschutz-Vermutung gibt es immer wieder Vorschläge zum Bau von Zeitmaschinen. In einer von ihnen beginnt die Reise in einem **Raumschiff mit nahezu Lichtgeschwindigkeit** am Ende eines Wurmlochs. Die Zeitdilatation der Speziellen Relativitätstheorie führt zu einer Zeitdifferenz zwischen **Ein- und Ausgang des Wurmlochs**. Dazu kommt, dass das Wurmloch zwei Fahrbahnen hat: Man kann in ihm sowohl in die Vergangenheit wie in die Zukunft reisen – nur nicht in eine Ära, in der es die Zeitmaschine noch nicht gab. Unnötig zu sagen, dass das gegenwärtig bloße Theorie ist. Andere **hypothetische Zeitmaschinen** nutzen die gewaltigen Gravitationsfelder und die abartige Zusammensetzung kosmischer Exoten wie Neutronensterne, rotierende Universen und kosmische Strings – lange fadenförmige Energiekonzentrationen aus dem frühen Universum.

Viele-Welten-Interpretation

Die Konstrukteure solcher Maschinen kümmern sich wenig um die Paradoxa von Zeitreisen. Um mit den Störungen in der **Abfolge von Ursache und Wirkung** klarzukommen, vertreten einige Physiker die „Viele-Welten-Interpretation" der Quantentheorie. Sie besagt, dass sich das Universum immer in genau so viele neue Universen aufspaltet, wie ein Quantenereignis mögliche Resultate hat; so wird jedem Resultat Platz geboten. Bei Zeitreisen soll es ebenfalls zu solchen Aufspaltungen kommen. Der Zeitreisende geht dann in die Vergangenheit eines dieser **Paralleluniversen** zurück und kann nicht auf die Geschichte des Universums einwirken, das er gerade verlassen hat.

Selbstkonsistenz

Es gibt noch eine weitere Möglichkeit, wie die Natur den logischen Zeitablauf unseres Universums gegen die Angriffe von Zeit-Vandalen schützen kann. Der russische Physiker **Igor Nowikow** fand Beweise für das Wirken eines „Selbstkonsistenz"-Prinzips: Die Natur erlaubt nur selbstkonsistente Geschichten. Stellen Sie sich vor, Sie könnten eine Billardkugel ein paar Sekunden zurück in die Vergangenheit schicken, um ihr damaliges Selbst von der Zeitmaschine wegzustupsen. In diesem Fall könnte die **Selbstkonsistenz** sicherstellen, dass die Billardkugel auf ihrer Reise in die Vergangenheit ihr jüngeres Gegenstück genau so trifft, dass es in die Zeitmaschine befördert wird. Damit würde die Geschichte **frei von Paradoxa** bleiben.

Kurzfassung

Trotz Hawkings ursprünglicher Einwände haben sich Physiker für die Idee erwärmt, dass Menschen eines Tages in der Lage sein könnten, ganz nach Wunsch vorwärts und rückwärts durch die Zeit reisen zu können.

Siehe auch

DIE NATUR DER ZEIT (S. 96)
CHRONOLOGIESCHUTZ-VERMUTUNG (S. 98)

»Zeitreisen wurden einmal als wissenschaftliche Ketzerei abgetan. Ich habe vermieden, über sie zu reden – aus Angst, als Spinner zu gelten. Heute bin ich nicht mehr so vorsichtig.«

Ehrungen

Das Stephen Hawking Building in Cambridge

Hawking war seit Mitte der 1960er Jahre Fellow und Professor am **Gonville and Caius College in Cambridge**. Das College ehrte einen seiner berühmtesten Söhne 2007 mit der Einweihung des Stephen Hawking Building. Das **hochmoderne Gebäude**, das 10 Millionen Pfund gekostet hat, umfasst neue Hörsäle und 75 Räume für Studenten, die Behinderten alle Bequemlichkeiten bieten. Von oben gesehen bildet es eine **elegante S-Kurve**, wobei es ein weit verbreitetes Missverständnis ist, dass das „S" für „Stephen" steht. In Wirklichkeit wurde das Gebäude so geplant, damit drei uralte Bäume nicht gefällt werden mussten, die auf dem Gelände stehen. Hawking führte den ersten Spatenstich für das Gebäude, das genau dort errichtet wurde, wo Hawking anfangs auf dem College-Gelände wohnte.

Texas zollt Hawking Tribut

Die angesehene Texas A&M University ehrte einen ihrer besonders gern gesehenen Besucher 2010, indem sie im Mitchell Institute for Fundamental Physics and Astronomy einen **Stephen-Hawking-Hörsaal** eröffnete, der viele Millionen Dollar kostete und **182 Plätze** bietet. Hawking kam zum ersten Mal 1995 zur Texas A&M und kehrte dann noch dreimal zurück. Bei der Eröffnung des Hörsaals wurde Hawking wärmstens begrüßt. Er drückte seine Freude aus, die Universität wieder besuchen zu können und bedankte sich für die Verleihung des Namens. **Dr. Christopher Pope**, Direktor des Mitchell-Instituts und Inhaber des Stephen Hawking Chair in Fundamental Physics, hatte in den 1970er Jahren in Cambridge unter Hawking seine Doktorarbeit abgeschlossen und war seitdem ein guter Freund und Kollege.

Der Asteroid „7672 Hawking"

Hawking war für seine Ansicht bekannt, dass Zusammenstöße zwischen Asteroiden und Planeten möglicherweise die Seltenheit von intelligentem Leben im Universum erklären können. Ironischerweise wurde einer dieser **Kleinplaneten** nach ihm benannt. Damit knüpfte man an die Tradition an, große und bedeutende Wissenschaftler auf diese Weise zu ehren, darunter Max Planck, Richard Feynman und Albert Einstein. Der Asteroid „7672 Hawking" wurde 1995 von Astronomen am **Klet' Observatorium** in Tschechien im Asteroidengürtel entdeckt, der in unserem Sonnensystem zwischen Mars und Jupiter liegt. Hawkings Asteroid umläuft die **Sonne in 1 235 Tagen**, über seine Größe und Zusammensetzung weiß man sehr wenig.

Kurzfassung

Ehrungen, die Hawking erhalten hat, findet man in Cambridge, über die ganze Welt verstreut und im Weltall.

Siehe auch

HAWKINGS LEBENSABEND (S. 58)

BLEIBENDES VERMÄCHTNIS (S. 150)

„Das Gonville and Caius College hat mich in meinen frühen Jahren als Forscher unterstützt, bis ich an der Fakultät eine Stelle bekam. Ich bin dem College dafür sehr dankbar."

Das Stephen Hawking
Building in Cambridge

Bleibendes Vermächtnis

Inspiration

Hawkings Bücher, Vorträge, Fernsehauftritte und Forschungen haben in Großbritannien zu einem deutlich gesteigerten Interesse an mathematisch-naturwissenschaftlichen Studiengängen geführt. Unterhaltsame Fernsehsendungen wie die von Hawking und **Brian Cox** oder die Sitcom ***The Big Bang Theory*** (2009 auch in Deutsch auf Pro Sieben) verstärkten diesen Effekt. Ein solcher Aufschwung könnte einen belebenden Einfluss auf die zukünftige Forschung, die Industrie, den Unterricht und das allgemeine Verständnis für die Naturwissenschaft haben.

Das Ende der Physik?

1980 sagte Hawking das **Ende der theoretischen Physik** innerhalb von 20 Jahren voraus. Er glaubte, dass die Forscher kurz vor der Entdeckung einer „Theorie von allem“ oder der Weltformel stünden. Die Allgemeine Relativitätstheorie wäre dann mit der Quantentheorie vereint. Er hatte Unrecht und wäre wohl der Erste gewesen, der das zugeben würde. Stattdessen sind wir eher am Anfang eines neuen Zeitalters der Physik – und dazu hat Hawking nicht zuletzt selbst den Anstoß gegeben. Die String-Theorie, die zur Elementarteilchenphysik gehört, versucht, die Relativitätstheorie mit der Quantentheorie zu vereinen. Ihre Erweiterung, die M-Theorie, bringt den Physikern und Mathematikern ebenfalls neue Herausforderungen. Die Experimente am **Large Hadron Collider** des CERN könnten einige der grundlegenden Gesetze der Theoretischen Physik bestätigen – oder, noch eindrucksvoller, widerlegen.

Vermächtnis

Hawking wurde mit fast allen Physikpreisen und Ehrungen bedacht, nicht aber mit dem Nobelpreis. Nobelpreiswürdig sind nur Theorien, die **jenseits aller Zweifel bewiesen** sind. Das ist auf einem so realitätsfernen Gebiet wie dem Hawkings nicht so einfach. Einstein bekam den Nobelpreis 1921 nicht für seine Relativitätstheorie – und Nobelpreise werden **nicht posthum vergeben**. Doch vielleicht sollten wir die Preise beiseitelassen, wenn es uns um das dauernde Erbe von Hawkings bemerkenswertem Leben geht. Denkt man an sein Desinteresse an königlichen Ehrungen und an IQ-Tests, ist es unwahrscheinlich, dass ihn das sehr bekümmert – und wer könnte ihm das verdenken? Seine Bedeutung für die theoretische Physik ist immens. Er gehört zu Recht zu den **Großen der Wissenschaftsgeschichte**.

Kurzfassung

Hawking hat zwar keinen Nobelpreis bekommen, aber sein Vermächtnis ist so grenzenlos wie die Kosmologie selbst.

Siehe auch

HAWKINGS LEBENSABEND (S. 58)

EHRUNGEN (S. 148)

»Der Large Hadron Collider und das Raumfahrtprogramm sind für die Menschheit von vitalem Interesse, wenn sie nicht bedeutungslos werden oder schließlich gar aussterben soll.«

Der Large Hadron Collider
(LHC) am Cern in Genf

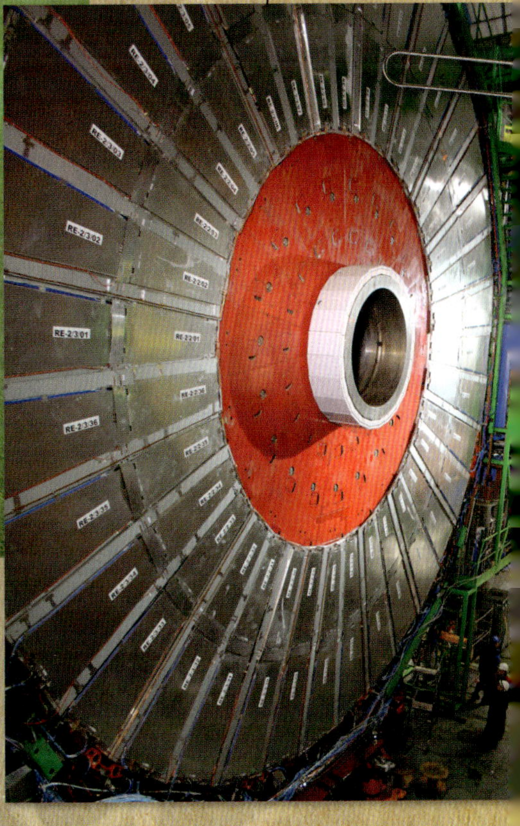

Zeittafel

1964
Astronomen finden mithilfe eines Röntgensatelliten mit Cygnus X-1 den ersten Kandidaten für ein Schwarzes Loch.

1972
Der israelische Physiker Jacob Bekenstein entdeckt, dass es eine Grenze für die Information gibt, die in ein bestimmtes Raumvolumen gepackt werden kann.

1976
Bill Unruh zeigt: Wenn es die Hawking-Strahlung wirklich gibt, stellt jeder beschleunigte Beobachter fest, dass der Raum um ihn wärmer wird.

1981
Hawking nimmt an einer Kosmologie-Konferenz im Vatikan teil, wo er sein radikales No-Boundary-Proposal verkündet. Papst Johannes Paul II. zeigt großes Interesse an Hawking und seiner Arbeit.

1986
Andrei Linde stellt die Theorie der ewigen Inflation auf, nach der sich das Universum auch heute noch inflationär ausdehnt.

1990
Lee Smolin und sein Team veröffentlichen die Theorie der Schleifen-Quantengravitation, einer Alternative zur String-Theorie.

1992
Curtis Callan, Steven Giddings, Jeffrey Harvey und Andrew Strominger formulieren ihre bahnbrechende zweidimensionale Theorie der Schwarzen Löcher.

1994
Der Physiker Miguel Alcubierre schlägt ein mathematisches Schema für den Bau eines Warp-Antriebs vor, der auf der Allgemeinen Relativitätstheorie beruht.

1995
Die Physiker Cumrun Vafa und Andrew Strominger berechnen die Entropie eines Schwarzen Lochs auf der Basis der String-Theorie.

1999
Hawking fordert zusammen mit Erzbischof Tutu und anderen Prominenten globale Anstrengungen, um Behinderungen vorzubeugen und die Rechte der Behinderten zu stärken. Sie verfassen eine *Charta für das dritte Jahrtausend*.

2001
Neil Turok und Paul Steinhardt veröffentlichen das Modell des „ekpyrotischen" Universums, das auf der Grundlage der String-Theorie das langfristige Verhalten des Alls beschreibt.

2003
Hawking nimmt an einer Antikriegsdemonstration in London und nennt die US-Invasion im Irak ein „Kriegsverbrechen".

2006
Eine TV-Kampagne mit Hawking, die die Aufmerksamkeit auf Behinderte lenken soll, wird mit Preisen ausgezeichnet.

2007
Das Gonville and Caius College weiht das Stephen Hawking Building ein, ein Zentrum, das auch behinderten Studenten als Unterkunft dienen soll.

2009
Nachdem die US-Republikaner die Politik des britischen National Health Service als „böse" und „grausam" bezeichneten, verteidigt Hawking den NHS und sagt, ohne dessen Existenz würde er nicht mehr leben.

2010
In Großbritannien steigt die Zahl der Studenten an, die Physik und Mathematik wählen. Dieser lang erhoffte Effekt ist auch auf Hawking und seine Kollegen zurückzuführen, die propagieren, es sei cool, schlau zu sein.

2010
In seiner TV-Serie *Into the Universe with Stephen Hawking* (auch mit dem Titel *Stephen Hawking's Universe*) warnt Hawking vor Aliens, da sie nicht unbedingt friedlich sein müssen.

2011
Saul Perlmutter, Adam Riess und Brian Schmidt erhalten den Nobelpreis für Physik für ihre Entdeckung der „Dunklen Energie", die vermutlich die Expansion des heutigen Universums beschleunigt.

8. Januar 2012
Hawking feiert seinen 70. Geburtstag. Er hat fast 50 Jahre mit ASL gelebt und ist heute einer der größten theoretischen Physiker der Welt.

14. März 2018
„Nur wenige, wenn überhaupt einer von Einsteins Nachfolgern, haben mehr für unsere Einsichten in Gravitation, Raum und Zeit bedeutet", kommentierte Martin Rees zu Hawkings Tod.

Glossar

Asteroid „7672 Hawking“ Der nach Hawking benannte Kleinplanet wurde 1995 im Asteroidengürtel zwischen Mars und Jupiter entdeckt.

Futurama Hawking hatte einige Gastauftritte in dieser Sciencefiction-Serie, die vom Schöpfer der *Simpsons*, Matt Groening, stammt.

Gravitationswellen Ein Körper mit starker Schwerkraft wie ein Schwarzes Loch oder ein Neutronenstern, der sich sehr schnell bewegt, sendet sogenannte Gravitationswellen aus, die durch Raum und Zeit wandern.

Kausalmengen-Ansatz Ansatz für die Quantengravitation, der die Raumzeit in ein Netzwerk diskreter Punkte aufteilt, die verbunden werden können, ohne dass eine überlicht-schnelle Bewegung nötig ist.

Konforme zyklische Kosmologie Theorie des Universums von Roger Penrose, die auf der Aufeinanderfolge mehrerer (vielleicht unendlich vieler) Urknall-Kosmologien beruht.

Kubakrise 1962 stand die Welt am Rande eines Atomkriegs, als die Sowjetunion Mittelstreckenraketen auf Kuba stationierte.

Large Hadron Collider (LHC) Gigantischer Teilchenbeschleuniger bei Genf an der Grenze zwischen der Schweiz und Frankreich, der Elementarteilchen fast mit Lichtgeschwindigkeit aufeinander-schießt. Die Experimente sollen zu einem besseren Verständnis der Physik der Elementarteilchen führen.

Multiversen (Viele-Welten-Interpretation) Nach dieser Theorie finden Ereignisse, die sich mit einer gewissen Wahrscheinlichkeit in unserem Universum ereignen, auf jeden Fall in einem weiteren Universum eines Netzwerks von Paralleluniversen statt.

Possum Firma in Cambridge, die Hawkings auf dem Rollstuhl montiertes Computersystem gebaut hat. Mit dieser Technik erreichen Behinderte in ihrem Alltag und bei der Arbeit größere Unabhängigkeit.

Primordiale Schwarze Löcher Unter dem gewaltigen Druck des frühen Universums entstandene kleine Schwarze Löcher. Sie wiegen eine Tonne, sind aber nur ein Tausendmilliardstel eines Millimeters groß.

Quanteninformationstheorie Untersuchung der unglaublichen Eigenschaften von Information (Strömen aus Nullen und Einsen) tief „unten" in der Quantenwelt.

Selbstkonsistenz Zeitreisen können die Vergangenheit nur so beeinflussen, dass es mit der Zukunft logisch konsistent ist.

Stammzellenforschung Hawking hat George W. Bush und die EU dafür kritisiert, dass sie die Stammzellenforschung behindern. Hawking glaubt, sie verspricht die Behandlung von Krankheiten wie ALS.

Supermassereiche Schwarze Löcher Gigantische Schwarze Löcher, von denen man annimmt, dass sie im Mittelpunkt fast jeder Galaxie des Universums lauern, auch in der Milchstraße.

Supersymmetrie Theorie der Elementarteilchen, nach der es, grob gesprochen, grundsätzliche Ähnlichkeiten zwischen den zwei großen Familien der Elementarteilchen gibt, den Bosonen und den Fermionen.

Topologie des Universums Die Idee, dass ein Universum topologisch beispielsweise kugel- oder donutförmig verknüpft ist, sodass man, wenn man es auf der einen Seite verlässt, unmittelbar auf der anderen Seite wieder betritt.

Trident-System Britisches System von Kernwaffen, das bis 2020 ersetzt werden soll. Hawking war ein leidenschaftlicher Gegner von Kernwaffen und hatte sich gegen die äußerst kostspielige Erneuerung des Trident-Systems ausgesprochen.

Vilenkin-Anfangsstadium Alternative zum No-Boundary-Proposal von Hawking und Hartle. Vilenkin lässt nur Anfangszustände zu, in denen sich die Raumzeit ausdehnt.

VoiceText Sprachgenerator der Firma NeoSpeech, der einen realistischeren Klang erzeugt. Hawking verwendet VoiceText seit 2011.

Kurzfassung

Die frühen Jahre

Stephen Hawking wurde am **8. Januar 1942** in Oxford geboren. Als er acht war, zog seine Familie nach St. Albans in Hertfordshire. Stephens Vater hätte gern gesehen, wenn sein Sohn wie er Mediziner geworden wäre, aber der junge Hawking entschied sich anders: Er begann 1959 in Oxford Mathematik und Physik zu studieren. Stephen war ziemlich faul, weil er das Studium zu leicht fand, er schaffte aber trotzdem den Abschluss und bekam sogar die Gelegenheit, in Cambridge seine **Doktorarbeit in Kosmologie** zu schreiben. Die Arbeit war brillant, sodass er als ein aufgehender Stern am Kosmologenhimmel galt. 1963 erhielt er die Diagnose **Amyotrophe Lateralsklerose** (ALS), eine unheilbare und zerstörerische Krankheit. In einer Periode voller Verzweiflung half ihm die Arbeit – und die Liebe zu Jane Wilde, einer Studentin der Sprachwissenschaft, die er 1965 heiratete.

Familienleben

1967 wurde Robert geboren, das erste Kind der jungen Familie. 1970 folgte Lucy und 1979 Timothy. Unterdessen ging Hawkings Arbeit in großen Sprüngen voran. 1974 kam die **epochale Entdeckung**, dass Schwarze Löcher „Hawking"-Strahlung aussenden. Hawking wurde mit Ehrungen und Auszeichnungen überhäuft und 1979 auf den **Lucasischen Lehrstuhl für Mathematik** der University of Cambridge berufen. In den 1980er Jahren arbeitete Hawking an der Erforschung der Quantengravitation und der Inflationstheorie, er beteiligte sich auch an der Suche nach einer vereinheitlichten „Theorie von allem". Er durchlebte aber auch schwere Schicksalsschläge. 1985 wäre er fast an einer Lungenentzündung gestorben, einer Folge der ALS. Nur ein Luftröhrenschnitt konnte ihn retten, aber danach konnte er nicht mehr sprechen. Seitdem ist er auf einen **elektronischen Sprachgenerator** angewiesen.

Hawking, der Superstar

Die wachsenden Kosten für seine Pflege und für die Ausbildung der Kinder brachten Hawking auf die Idee, populärwissenschaftliche Bücher zu schreiben. 1988 erschien ***A Brief History of Time*** und wurde sofort zum Bestseller, der Autor zum Superstar. 1990 schockierte er die Welt, als er Jane verließ und mit seiner Pflegerin Elaine zusammenzog. Die beiden heirateten 1995, aber die Ehe erwies sich letztlich als wenig glücklich und wurde 2006 wieder geschieden. Nach der Jahrtausendwende veröffentlichte Hawking weiterhin fortlaufend Forschungsarbeiten. Er verbrachte seine Zeit teils in Cambridge, teils als Inhaber des angesehenen **Distinguished Research Chair** am kanadischen Perimeter-Institut. Am 14. März 2018 verstarb Hawking friedlich in seinem Haus in Cambridge. **Würdigungen** aus der ganzen Welt zeugten von seinem Mut, seiner Intelligenz und Bedeutung für die Wissenschaft.

»Ich haben in den letzten 49 Jahren mit der Aussicht gelebt, früh zu sterben. Ich fürchte mich nicht vor dem Tod, aber ich hab's mit dem Sterben nicht so eilig. Es gibt so viel, was ich zuvor noch tun möchte. Für mich ist das Gehirn ein Computer, der zu arbeiten aufhört, wenn seine Teile kaputt gehen. Für kaputte Computer gibt es keinen Himmel und kein Leben nach dem Tod. Das ist ein Märchen für Leute, die sich im Dunkeln fürchten.«

Stephen Hawking, 1962

Stephen Hawking, 2007

Literatur

Bücher

The Large Scale Structure of Space-Time
Stephen Hawking und George Ellis, Cambridge University Press, 1973

A Brief History of Time
Stephen Hawking, Bantam Books, 1988
dt.: *Eine kurze Geschichte der Zeit. Die Suche nach der Urkraft des Universums*, Rowohlt, 1988

Stephen Hawking: Quest for a Theory of Everything
Kitty Ferguson, Bantam, 1991
dt.: *Das Universum des Stephen Hawking. Eine Biographie*, Econ, 1992

Stephen Hawking: A Life in Science
Michael White und John Gribbin, Viking, 1992
dt.: *Stephen Hawking. Die Biographie*, Rowohlt, 1994

Black Holes and Baby Universes and Other Essays
Stephen Hawking, Bantam Books, 1993
dt.: *Einsteins Traum. Expeditionen an die Grenzen der Raumzeit*, Rowohlt, 1994

Black Holes and Time Warps: Einstein's Outrageous Legacy
Kip Thorne, W.W. Norton & Company, 1994
dt.: *Gekrümmter Raum und verbogene Zeit. Einsteins Vermächtnis*, Droemer Knaur, 1994

The Nature of Space and Time Stephen
Hawking und Roger Penrose, Princeton University Press, 1996
dt.: *Raum und Zeit*, Rowohlt, 1998

The Elegant Universe: Superstrings, Hidden Dimensions and the Quest for the Ultimate Theory
Brian Greene, Vintage Books, 1999
dt.: *Das elegante Universum*, Siedler, 2000

The Universe in a Nutshell
Stephen Hawking, Bantam Books, 2001
dt.: *Das Universum in der Nußschale*, Hoffmann & Campe, 2001

On the Shoulders of Giants
Stephen Hawking, Running Press, 2002
dt.: *Klassiker der Physik*, Hoffmann und Campe, 2004; *Giganten des Wissens. Eine bebilderte Reise in die Welt der Physik*, Weltbild, 2005

God Created the Integers
Stephen Hawking (Hrsg.), Running Press 2005

A Briefer History of Time
Stephen Hawking und Leonard Mlodinow, Bantam Books, 2005
dt.: *Die kürzeste Geschichte der Zeit*, Rowohlt, 2005

My Brief History
Stephen Hawking, Bantam Books, 2013

George's Secret Key to the Universe
Stephen und Lucy Hawking, Doubleday, 2007
dt.: *Der geheime Schlüssel zum Universum*, cbj, 2007

The Black Hole War: My battle with Stephen Hawking to Make the World Safe for Quantum Mechanics
Leonard Susskind, Back Bay Books, 2008
dt.: *Der Krieg um das Schwarze Loch. Wie ich mit Stephen Hawking um die Rettung der Quantenmechanik rang*, Suhrkamp, 2010

The Grand Design
Stephen Hawking und Leonard Mlodinow, Bantam Books, 2010
dt.: *Der große Entwurf. Eine neue Erklärung des Universums*, Rowohlt, 2010

Aufsätze in Zeitschriften

How to Build a Time Machine
Daily Mail, 27. April 2010
www.dailymail.co.uk

Why God Did Not Create the Universe
Wall Street Journal, 3. September 2010
online.wsj.com

10 Questions for Stephen Hawking
Time Magazine, 15. November 2010
www.time.com

Life and the Cosmos, Word by Painstaking Word: A Conversation with Stephen Hawking
The New York Times, 9. Mai 2011
www.nytimes.com

Stephen Hawking: 'There is no heaven; it's a fairy story'
The Guardian, 15. Mai 2011
www.guardian.co.uk

Websites

Hawkings persönliche Website
www.hawking.org.uk

Hawkings wissenschaftliche Arbeiten unter Arxiv
arxiv.org/find/all/1/au:+Hawking/0/1/0/all/0/1

Transkriptionen von Hawkings Vorträgen
http://www.hawking.org.uk/lectures.html

Hawkings Vortrag zum 50. Geburtstag der NASA
www.youtube.com/watch?v=3PCAGm5a1r8

Department of Applied Mathematics and Theoretical Physics, Cambridge
www.damtp.cam.ac.uk

Hawkings Auftritt in Star Trek
http://www.youtube.com/watch?v=mg8_cKxJZJY

MC Hawkings Parodie auf YouTube
www.youtube.com/user/therealmchawking/videos

Index

Danksagung

Der Herausgeber möchte allen im Folgenden aufgeführten Personen und Institutionen für die freundliche Erlaubnis danken, die Abbildungen in diesem Buch abdrucken zu dürfen. Wir haben uns nach Kräften bemüht, die Inhaber der Rechte ausfindig zu machen.

Alamy/Miguel Sayago: 16B.
AllenMcC: 152, 117B.
Bantam Press: 125L.
Jacob D. Bekenstein: 117BR.
Nissim Benvenisty: 123TL, 123C.
Wayne Boucher/Cambridge2000.com: 149B.
Alex Brown: 57T.
Courtesy of the Clendening History of Medicine Library, University of Kansas Medical Center: 79C.
Martin Conway: 95T.
Corbis/Eleanor Bentall: 17; Bettmann: 67, 95C; Michael S. **Yamashita**: 113B.
David Dvir: 115.
Fotolia: 47TR, 147; Adimas: 47B, 61; Alex Fiodorov: 100, 101, 107R; Amorphis: 137TL; ArchMen: 101BR; Mademoiselle Bézier: 27; Kasia Biel: 103L; Christian Bijani: 89L, 94C, 95, 95BL, 107, 108; BiterBig: 37; Daniel Boiteau: 69C; Brilt: 99BR; Hugo C Campos: 94R, 151BR; Mardis Coers: 137BL; Sergii Denysov: 89; Marc Dietrich: 99BL; Karelin Dmitriy: 85BR; Christopher Dodge: 35T; Elenathewise: 54; Jürgen Fälchle: 83, 85C; Stephen Finn: 70; Paul Fleet: 81T; Foto Flare: 51; Frenta: 6, 99T; Sean Gladwell: 37B, 112TR; Victor Gmyria: 83TL; Andreas Haertle: 54; Innovari: 146, 147; iQoncept: 72, 106R; Vaclav Janousek: 91C; javarman: 23C; Jezper: 101BL, 107BL; Anja Kaiser: 120B; Iakov Kalinin: 87BL; kikkerdick: 73R; Vladislav Kochelaevs: 79BL; Georgios Kollidas: 40TR; Ralf Kraft: 95R; ktsdesign: 127; Jon Le-Bon: 50C; Le Do: 87, 142; Robert Lerich: 25BL; Liveshot: 91B; Matamu: 91T; David Mathieu: 49; Yuriy Mazur: 59; Mopic: 29; Nmid: 33; Dennis Oblander: 137C; Tyler Olson: 105BL; Konovalov Pavel: 24; Mariia Pazhyna: 50T; Peresanz: 141T; Anton Prado Photo: 76TR, 107L; Karen Roach: 51B; Robybret: 117B; Rolffimages: 87TR; Salavan: 55TR; Gina Sanders: 55; Gino Santa Maria: 55B; Dmitry Sosenushkin: 137CL; SSilver: 127T; James Steidl: 28, 36; David Talakhadze: 57B; Tauro79: 128T, 129T; Terex: 53T; Andrzej Tokarski: 25BR; Guillaume Tunzini: 43R; Tuulijumala: 53B; Vetkit: 137BR; Viktor: 126TR; Vincentmax: 93B; Viper: 97; Wawro Designs: 22; Ivonne Wierink: 137CR; Jan Will: 75R; Zagorskid: 95BR.
Biswarup Ganguly: 31B, 117L.
Getty Images/CBS Photo Archive: 103C; China Photos: 15T; David Montgomery: 35R, 39BL; WPA Pool: 15.
Private Collection of Gary Gibbons: 115.
Shai Gil: 59B, 61.
Dave Guttridge, The Photographic Unit: 115.
JD Hancock: 141C, 152.
Sean Hickin: 39TR.
Matthew Hunt: 23B.
David Iliff: 29B.
iStockphoto/Gustaf Brundin: 75, 93T, 143;
ChuckSchugPhotography: 147C.
Bob Lee: 131B.
Library of Congress, Washington, D.C.: 21C, 25B, 31T, 46, 48, 60, 69B, 79TL, 106L.
NASA: 17T, 142, 143; ESA, AURA/Caltech, Palomar Observatory: 101TL; ESA/Hubble: 100, 101TR; Hui Yang University of Illinois O: 2; Jeff Hester, and Paul Scowen (Arizona State University): 64; JPL: 6, 27; JPL-Caltech/R. Hurt: 95TR; Kim Shiflett: 55C, 123B; STScl: 139BC.
Keenan Pepper: 117BC.
Rex Features: 10, 11TL, 11TR, 11BL, 11BR, 21BR, 23T, 25, 29T, 33, 157; 20thC.Fox/Everett: 14B, 127C; Jonathan Hordle: 121; ITV: 14T; Nils Jorgensen: 53C, 157; Tony Kyriacou:
16T; Robin Laurance: 45B; Greg Mathieson: 125B, 154; Olycom SPA: 129B; Matthew Power: 17BL; Geoffrey Robinson: 151TL; Sipa: 15BL, 119T; Startraks Photo: 12B.
David Samuel: 125TL.
Maurice Savage/NASA/ The Royal Society: 57C.
Scala Archives/Scala Florence/Heritage Images: 13T.
Science Photo Library: 49L, 81L; Corbin O'Grady Studio: 131C; David Parker: 13B.
Shutterstock/Agsandrew: 145; AlessandroZocc: 127BC; Anteromite: 69, 115; Alin B: 125TR; Clearviewstock: 135T, 147; Corepics: 113T, 152; Pavel Gaja: 144, 145; Markus Gann: 4, 62, 77C, 105R, 107, 139T; Gataki: 103B; gingging: 105, 105; Patrick Hermans: 149T; debra hughes: 66, 93T, 109; Imagewell: 73C, 137T; Image Wizard: 6, 18, 132, 133R; Ladyann: 79TR; MarcelClemens: 149C; Inga Nielsen: 79; Nomad_Soul: 145; Oneo: 91B; OPIS: 73B; Picsfive: 83TR; Leigh Prather: 151BL; Christophe Rolland: 83BR; sdecoret: 135L; 152; Shrewsbury Design and Photography: 143; Snaprender: 74; Michael Taylor: 95BC; Clifton Thompson: 143; tovovan: 69B; trucic: 87BR; Vicente Bracelo Varona: 133C; Vladru:135; Vlue: 157; Mansurova Yulia: 85R.
Pete Souza: 59C.
Kevin Stanchfield: 43TL.
Hedwig Storch: 143.
Homer Sykes/ www.homersykes.com: 37T.
Topfoto/John Hedgecoe: 12T.
Elke Wetzig: 121TL.
Wikipedia/Ojan: 131T.
Andy Wright: 119B, 153.